Augusto Cesar de Castro Barbosa
Alexandre Rojas
Claudia Ferreira Reis Concordido
Claudio Goncalves Carvalhaes

Cálculo Diferencial e Integral de Funções de uma Variável com Python

EDITORA CIÊNCIA MODERNA

Editor: Paulo André P. Marques
Produção Editorial: Dilene Sandes Pessanha
Capa: Daniel Jara
Copidesque: Equipe Ciência Moderna

FICHA CATALOGRAFICA

CARVALHAES, C. G; ROJAS, A; BARBOSA, C. C; CONCORDIDO, C. F. R.

Cálculo Diferencial e Integral de Funções de uma Variável com Python

Rio de Janeiro: Editora Ciência Moderna Ltda., 2019.

1. Matemática 2. Cálculo Diferencial 3. Cálculo Integral
I — Título

ISBN: 978-85-399-1037-3

CDD 510
515.33

Editora Ciência Moderna Ltda.
R. Alice Figueiredo, 46 – Riachuelo
Rio de Janeiro, RJ – Brasil CEP: 20.950-150
Tel: (21) 2201-6662/ Fax: (21) 2201-6896
E-MAIL: LCM@LCM.COM.BR
WWW.LCM.COM.BR

01/19

INTRODUÇÃO

Diante das reconhecidas dificuldades enfrentadas nas Universidades no ensino da matemática em geral, e do Cálculo Diferencial e Integral em particular, cogita-se a utilização dos instrumentos da tecnologia da informação e da comunicação para melhorar a aprendizagem destes conteúdos. Os instrumentos tecnológicos são intensamente usados em educação com inúmeros casos de sucesso, principalmente quanto à forma de ensinar e aprender, podendo promover uma evolução nos processos educacionais.

O presente livro apresenta uma proposta para o ensino do Cálculo Diferencial e Integral com uma breve teoria, exercícios resolvidos de forma analítica e com o uso de recursos computacionais de Software Livre, a linguagem Python e seu módulo de computação simbólica Sympy (Symbolic Python). Abordam-se de forma transdisciplinar conhecimentos aprendidos em disciplinas de computação com conteúdos matemáticos.

A tecnologia, além de oferecer aos professores mais recursos a serem adotados na sua estratégia de ensino, pode ser usada para tornar mais lúdica a atividade de aprender.

O ensino da matemática pode ser melhorado através de uma estratégia educacional que inclua estas características e que mobilize no aluno inéditas características de curiosidade, entendimento e até mesmo prazer na medida em que poderá se relacionar com representações gráficas de seus erros e acertos na manipulação das representações algébricas, sem perda das características da abstração que precisam estar subjacentes à aprendizagem da linguagem matemática.

Augusto Cesar de Castro Barbosa, Alexandre Rojas, Cláudia Ferreira Reis Concordido, Claudio Gonçalves Carvalhaes

SUMÁRIO

CAPÍTULO 1

LIMITE E CONTINUIDADE

1.1 Definição de Limite

Seja f uma função definida num intervalo aberto I, exceto, possivelmente, num número $a \in I$. Diz-se que o limite de f em a é o número L, e escreve-se

$$\lim_{x \to a} f(x) = L$$

se, para todo número $\varepsilon > 0$, existe um número $\delta > 0$, tal que

$$|f(x) - L| < \varepsilon \text{ sempre que } \quad 0 < |x - a| < \delta.$$

1.1.1 Limites no SymPy

Execute a IDLE do Python.

A operação $\lim_{x \to a} f(x)$ é representado no SymPy da seguinte forma:

```
limit(f(x),x,a,lado)
```

$f(x)$ é a função, a é o valor para o qual a variável independente irá se aproximar e *lado* é o argumento usado apenas para limites laterais, especificando se nos aproximaremos de a pela esquerda('-') ou pela direita('+') observe que o sinal aparece entre apóstrofos. SymPy utiliza os símbolos oo (dois o's) para representar $+\infty$ ou -oo para $-\infty$. Caso não exista o limite, o SymPy retorna **nan**(not a number).

O exemplo a seguir mostra o cálculo de $\lim_{x \to 0} \frac{\text{sen}(x)}{x}$ utilizando o SymPy na forma interativa do Python.

```
>>> # passo 1: importar todo módulo sympy
>>> from sympy import *
>>> # passo 2: definir os simbolos usados
>>> x=symbols('x')
>>> # passo 3: definir a função
>>> expr=sin(x)/x
>>> # passo 4: calcular o limite
>>> limit(expr,x,0)
1
>>> forma gráfica
>>> plot(expr)
```

O gráfico da função tem o seguinte aspecto:

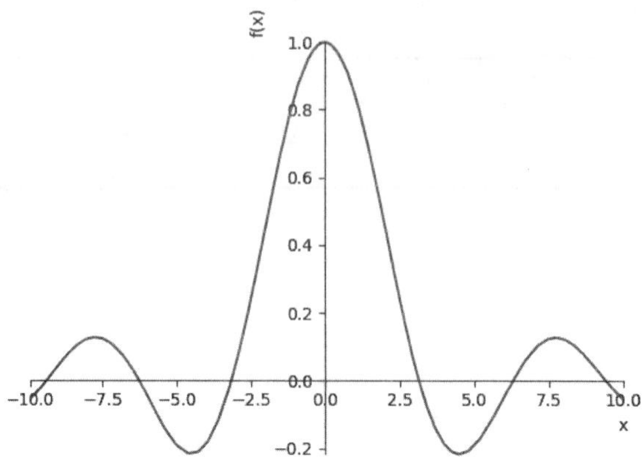

Figura 1.1: Gráfico da Função

1.2 Propriedades

Sejam $\lim_{x \to a} f(x) = L$, $\lim_{x \to a} g(x) = M$ e $c \in \mathbb{R}$. Então:

(i) $\lim_{x \to a} c = c$

(ii) $\lim_{x \to a} (f(x) \pm g(x)) = L \pm M$

(iii) $\lim_{x \to a} (f(x) \cdot g(x)) = L \cdot M$

(iv) $\lim_{x \to a} [f(x)]^n = L^n, \; n \in \mathbb{N}$

(v) $\lim_{x \to a} \left(\frac{f(x)}{g(x)}\right) = \frac{L}{M}, \; M \neq 0$

(vi) $\lim_{x \to a} \sqrt[n]{f(x)} = \sqrt[n]{L}, \; n \in \mathbb{N}$

(vii) $\lim_{x \to a} |f(x)| = |L|$

1.3 Limites de Funções Algébricas

Exemplo

Calcule:

1. $\lim_{x \to 1} (|2x - 4| - 3)$

2. $\lim_{x \to -3/2} \frac{4x^2 - 9}{2x + 3}$

3. $\lim_{x \to 6} \frac{x^2 - 36}{x - 6}$

4. $\lim_{x \to 3} \frac{\sqrt{x + 6} - 3}{x - 3}$

5. $\lim\limits_{x \to -3} f(x)$, onde $f(x) = \begin{cases} \dfrac{x^2-9}{x+3} & \text{se} \quad x \neq -3 \\ 3 & \text{se} \quad x = -3 \end{cases}$

Resolução

1.

$$\lim_{x \to 1}(|2x-4|-3) = |2.1-4|-3 = |-2|-3 = 2-3 = -1$$

2. Há uma indeterminação do tipo $0/0$. Para fatorar o numerador, use a fórmula $(a^2-b^2) = (a-b)(a+b)$. Tomando $a = 2x$ e $b = 3$, temos que $(4x^2-9) = (2x-3)(2x+3)$, donde se tira que

$$\lim_{x \to -3/2} \frac{4x^2-9}{2x+3} = \lim_{x \to -3/2} \frac{(2x-3)(2x+3)}{2x+3} = \lim_{x \to -3/2}(2x-3) = 2 \cdot \frac{(-3)}{2} - 3 = -6.$$

3. O numerador e o denominador da fração possuem limite zero em $x = 6$. Temos aqui uma forma indeterminada do tipo $0/0$. Pode-se escrever

$$\frac{x^2-36}{x-6} = \frac{(x-6)(x+6)}{x-6} = x+6 \quad (x \neq 6).$$

Logo,

$$\lim_{x \to 6} \frac{x^2-36}{x-6} = \lim_{x \to 6}(x+6) = 6+6 = 12.$$

4. O radical é eliminado do numerador da fração multiplicando numerador e denominador por $(\sqrt{x+6}+3)$. Assim,

$$\lim_{x \to 3} \frac{\sqrt{x+6}-3}{x-3} = \lim_{x \to 3}\left[\left(\frac{\sqrt{x+6}-3}{x-3}\right) \times \left(\frac{\sqrt{x+6}+3}{\sqrt{x+6}+3}\right)\right]$$

$$= \lim_{x \to 3} \frac{(\sqrt{x+6}-3)(\sqrt{x+6}+3)}{(x-3)(\sqrt{x+6}+3)} = \lim_{x \to 3} \frac{(x+6)-9}{(x-3)(\sqrt{x+6}+3)} = \lim_{x \to 3} \frac{x-3}{(x-3)(\sqrt{x+6}+3)}$$

$$= \lim_{x \to 3} \frac{1}{\sqrt{x+6}+3} = \frac{1}{\sqrt{3+6}+3} = \frac{1}{6}$$

5. Temos aqui que

$$\lim_{x \to -3} f(x) = \lim_{x \to -3} \frac{x^2-9}{x+3}.$$

Fatorando o numerador, obtemos

$$\lim_{x \to -3} \frac{x^2-9}{x+3} = \lim_{x \to -3} \frac{(x-3)(x+3)}{x+3} = \lim_{x \to -3}(x-3) = -3-3 = -6.$$

Resolvendo o exercício proposto número 5 usando o Python, temos:

```
from sympy import *
x=symbols('x')
a=int(input('Digite o limite '))
if a ==3: # se a igual a 3
        l=3
else:
        expr=(x**2-9.)/(x+3)
        l=limit(expr,x,a)
print ('O limite para a=',a,' é igual a ',l)
```

A resposta que aparece em outra janela é

```
Digite o limite -3
O limite para a= -3 é igual a -6
```

1.4 Limites Laterais

1.4.1 Definição (limite lateral à direita)

Seja f uma função definida num intervalo aberto $(a\,,\,b)$. Então, o limite de f em a pela direita é o número L, e escrevemos

$$\lim_{x\to a^+} f(x) = L$$

se, para todo $\epsilon > 0$, existe $\delta > 0$ tal que

$$|f(x) - L| < \epsilon \text{ sempre que } 0 < x - a < \delta.$$

1.4.2 Definição (limite lateral à esquerda)

Se f é uma função definida num intervalo $(c\,,\,a)$, o limite de f em a pela esquerda é o número L se, para todo $\epsilon > 0$, existe $\delta > 0$ tal que

$$|f(x) - L| < \epsilon \text{ sempre que } 0 < a - x < \delta.$$

Neste caso, escrevemos

$$\lim_{x\to a^-} f(x) = L.$$

O limite de $f(x)$ quando x tende a a existe e é igual ao número L se, e somente se, os limites laterais de f em a existirem e forem iguais a L. Isto é,

$$\lim_{x\to a^-} f(x) = \lim_{x\to a^+} f(x) = L.$$

- No SymPy utilizam-se os argumentos $'-'$ e $'+'$ no operador *limit* para indicar se o limite é tomado pela esquerda ou direita respectivamente, por exemplo

$$\lim_{x\to 0^-} \frac{1}{x}$$

```
>>> from sympy import *
>>> x=symbols('x')
>>> expr=1/x
>>> limit(expr,x,0,'-')
-oo
```

Exemplos

1. Calcule, caso exista, o limite da função no número p dado:

(a) $f(x) = \begin{cases} 2x+1 & \text{se} \quad x<1 \\ 2 & \text{se} \quad x=1 \\ 5x-2 & \text{se} \quad x>1 \end{cases}$; $p=1$

(b) $f(x) = \dfrac{|x|}{x}$, $x \neq 0$; $p=0$

(c) $f(x) = \begin{cases} \sqrt[3]{1+x} & \text{se} \quad x<-1 \\ \sqrt{1-x^2} & \text{se} \quad -1 \leq x \leq 1 \\ \sqrt[3]{x-1} & \text{se} \quad x>1 \end{cases}$; (i) $p=-1$ $\qquad (ii)$ $p=1$

(d) $f(x) = \dfrac{|2x-1|}{1-2x}$, $x \neq \frac{1}{2}$; $p = \frac{1}{2}$

2. Determine os valores das constantes a e b para os quais $\lim\limits_{x\to p} f(x)$ existe se

$f(x) = \begin{cases} 2x-a & \text{se} \quad x<-1 \\ ax+2b & \text{se} \quad -1 \leq x \leq 1 \\ b-5x & \text{se} \quad x>1 \end{cases}$

(i) $p=-1$ $\qquad (ii)$ $p=1$.

3. Seja $f(x) = \begin{cases} -2 \text{ se } x<0 \\ \ \ 2 \text{ se } x>0 \end{cases}$. Mostre que o limite $\lim\limits_{x\to 0} f(x)$ não existe, porém, $\lim\limits_{x\to 0} |f(x)|$ existe.

4. Considere as funções f e g definidas por

$$f(x) = \begin{cases} x^2+3 & \text{se} \quad x \leq 1 \\ x+1 & \text{se} \quad x>1 \end{cases} \quad \text{e} \quad g(x) = \begin{cases} x^2 & \text{se} \quad x<1 \\ 2 & \text{se} \quad x>1 \end{cases}.$$

(a) Mostre que os limites $\lim\limits_{x\to 1^-} f(x)$ e $\lim\limits_{x\to 1^+} f(x)$ existem mas o limite $\lim\limits_{x\to 1} f(x)$ não existe.

(b) Mostre que $\lim\limits_{x\to 1^-} g(x)$ e $\lim\limits_{x\to 1^+} g(x)$ existem mas $\lim\limits_{x\to 1} g(x)$ não existe.

(c) Encontre a expressão de $f(x) \cdot g(x)$.

(d) Prove que $\lim\limits_{x\to 1} [f(x).g(x)]$ existe.

Resolução

1. (a) O limite de $f(x)$ em 1 existe, se e somente se, os limites laterais

$$\lim_{x\to 1^-} f(x) \quad \text{e} \quad \lim_{x\to 1^+} f(x)$$

existem e são iguais. Vamos então ao cálculo dos limites laterais.

$$\lim_{x\to 1^-} f(x) = \lim_{x\to 1^-} (2x+1) = 3 \quad \text{e} \quad \lim_{x\to 1^+} f(x) = \lim_{x\to 1^+} (5x-2) = 3.$$

Logo, o limite de $f(x)$ em 1 é igual a 3.

Com SymPy

Calcularemos os limites laterais para a parte da função cujo p=1.

```
>>> from sympy import *
>>> x=symbols('x')
>>> expr=2*x+1
>>> # limite a esquerda
>>> l=limit(expr,x,1,'-')
>>> l
3
>>> # limite a direita
>>> l=limit(expr,x,1,'+')
>>> l
3
```

(b) Lembrando que

$$|x| = \begin{cases} x & \text{se} \quad x \geq 0 \\ -x & \text{se} \quad x < 0 \end{cases},$$

temos que

$$f(x) = \frac{|x|}{x} = \begin{cases} 1 & \text{se} \quad x > 0 \\ -1 & \text{se} \quad x < 0 \end{cases}.$$

Então,

$$\lim_{x \to 0^-} f(x) = \lim_{x \to 0^-} -1 = -1\,, \quad \lim_{x \to 0^+} f(x) = \lim_{x \to 0^+} 1 = 1.$$

Como os limites laterais são diferentes, a função $f(x)$ não possui limite em 0.

(c) **(i)** Calculando os limites laterais em -1, obtemos

$$\lim_{x \to -1^-} f(x) = \lim_{x \to -1^-} \sqrt[3]{1+x} = 0 \quad \lim_{x \to -1^+} f(x) = \lim_{x \to -1^+} \sqrt{1-x^2} = 0.$$

Então, limite de $f(x)$ em -1 vale 0.

(ii) Para $p = 1$, temos

$$\lim_{x \to 1^-} f(x) = \lim_{x \to 1^-} \sqrt{1-x^2} = 0 \quad \lim_{x \to 1^+} f(x) = \lim_{x \to 1^+} \sqrt[3]{x-1} = 0.$$

Logo, o limite de $f(x)$ em 1 vale 0.

(d) Por definição,

$$|2x-1| = \begin{cases} 2x-1 & \text{se} \quad x \geq 1/2 \\ 1-2x & \text{se} \quad x < 1/2 \end{cases}.$$

Portanto,

$$f(x) = \frac{|2x-1|}{1-2x} = \begin{cases} -1 & \text{se} \quad x > 1/2 \\ 1 & \text{se} \quad x < 1/2 \end{cases}.$$

Logo, $f(x)$ não possui limite em $1/2$, pois os limites laterais em $1/2$ são diferentes:

$$\lim_{x\to(1/2)^-} f(x) = \lim_{x\to(1/2)^-} 1 = 1 \quad \text{e} \quad \lim_{x\to(1/2)^+} f(x) = \lim_{x\to(1/2)^+} -1 = -1.$$

2. É preciso que os limites laterais existam e que sejam iguais.
(a) Caso $p = -1$. Temos que

$$\lim_{x\to-1^-} f(x) = \lim_{x\to-1^-} (2x-a) = 2\cdot(-1) - a = -2-a,$$

$$\lim_{x\to-1^+} f(x) = \lim_{x\to-1^+} (ax+2b) = a\cdot(-1) + 2b = -a+2b.$$

Devemos impor que $-2-a = -a+2b$, ou seja, $b=-1$. Para qualquer valor da constante a e para $b=-1$, o limite de $f(x)$ em -1 existe.

(b) Caso $p = 1$. Temos que

$$\lim_{x\to1^-} f(x) = \lim_{x\to1^-} (ax+2b) = a\cdot 1 + 2b = a+2b,$$

$$\lim_{x\to1^+} f(x) = \lim_{x\to1^+} (b-5x) = b - 5\cdot 1 = b-5.$$

Devemos impor que $a+2b = b-5$, ou seja, $a+b=-5$.

Como para satisfazer o item **(a)** é necessário tomar $b=-1$, a solução que satisfaz **(a)** e **(b)** simultaneamente é $a=-4$ e $b=-1$.

3. A inexistência do limite de $f(x)$ em 0 se deve ao fato de os limites laterais serem diferentes:

$$\lim_{x\to0^-} f(x) = \lim_{x\to0^-} (-2) = -2\,, \quad \lim_{x\to0^+} f(x) = \lim_{x\to0^+} 2 = 2.$$

Temos que

$$\lim_{x\to0} |f(x)| = \lim_{x\to0} 2 = 2.$$

4. (a) O limite de $f(x)$ em 1 não existe porque os limites laterais, apesar de existirem, são distintos:

$$\lim_{x\to1^-} f(x) = \lim_{x\to1^-} (x^2+3) = 1^2+3 = 4, \quad \lim_{x\to1^+} f(x) = \lim_{x\to1^+} (x+1) = 1+1 = 2.$$

(b) De forma análoga,

$$\lim_{x\to1^-} g(x) = \lim_{x\to1^-} x^2 = 1^2 = 1, \quad \lim_{x\to1^+} g(x) = \lim_{x\to1^+} 2 = 2.$$

Os limites laterais são diferentes, portanto, $g(x)$ não possui limite em 1.

(c) Como $g(x)$ não é definido em 1, o produto $f(x) \cdot g(x)$ também não é definido em 1. Para $x < 1$, $f(x) = x^2 + 3$ e $g(x) = x^2$. Portanto, para $x < 1$, $f(x) \cdot g(x) = (x^2 + 3) \cdot x^2 = x^4 + 3x^2$. Para $x > 1$, $f(x) = x + 1$ e $g(x) = 2$. Logo, para $x > 1$, $f(x) \cdot g(x) = (x + 1) \cdot 2 = 2x + 2$. A expressão da função produto é

$$f(x) \cdot g(x) = \begin{cases} x^4 + 3x^2 & \text{se} \quad x < 1 \\ 2x + 2 & \text{se} \quad x > 1 \end{cases}.$$

(d) Calculando os limites laterais, obtemos

$$\lim_{x \to 1^-} [f(x) \cdot g(x)] = \lim_{x \to 1^-} (x^4 + 3x^2) = 1^4 + 3 \cdot 1^2 = 4,$$

$$\lim_{x \to 1^+} [f(x) \cdot g(x)] = \lim_{x \to 1^+} (2\,x + 2) = 2 \cdot 1 + 2 = 4.$$

Daí, o limite de $[f(x) \cdot g(x)]$ em 1 existe e vale 4.

1.5 Limites Infinitos

1.5.1 Definição

Seja f uma função definida num intervalo aberto I, exceto possivelmente em $a \in I$. Quando x tende a a, $f(x)$ cresce ilimitadamente se, para todo $N > 0$, existe $\delta > 0$ tal que

$$f(x) > N \text{ sempre que } 0 < |x - a| < \delta.$$

Neste caso, escrevemos

$$\lim_{x \to a} f(x) = \infty.$$

De forma análoga, $f(x)$ decresce ilimitadamente quando x tende a a, e escrevemos

$$\lim_{x \to a} f(x) = -\infty,$$

se para todo $N < 0$ existir $\delta > 0$ tal que

$$f(x) < N \text{ sempre que } 0 < |x - a| < \delta.$$

Se n é um inteiro estritamente positivo, então:

$$\text{(i)} \lim_{x \to 0^+} \frac{1}{x^n} = +\infty,$$

$$\text{(ii)} \lim_{x \to 0^-} \frac{1}{x^n} = \begin{cases} -\infty \text{ se } n \text{ é ímpar} \\ +\infty \text{ se } n \text{ é par} \end{cases}.$$

Exemplo

Calcule:

1. $\displaystyle\lim_{x \to 1^-} \frac{x+1}{x^2-1}$ **2.** $\displaystyle\lim_{x \to 3^+} \left(\frac{1}{x-3} - \frac{2x^2-9}{x^2-9}\right)$

Resolução

1. O numerador possui limite diferente de zero e o denominador possui limite zero. O resultado do cálculo é $+\infty$ ou $-\infty$. Para decidir sobre o sinal correto, faremos um estudo do sinal da função – veja o diagrama abaixo.

$x+1$	$-$	|	$+$	|	$+$
x^2-1	$+$	|	$-$	|	$+$
$(x+1)/(x^2-1)$	$-$	|	$-$	|	$+$
		-1		1	

À esquerda de 1, a função é negativa; à direita, a função é positiva. Logo, o sinal é negativo para o limite à esquerda:

$$\lim_{x\to 1^-} \frac{x+1}{x^2-1} = -\infty.$$

Observação: O problema pode ser tratado também por meio de uma fatoração.

$$\lim_{x\to 1^-} \frac{x+1}{x^2-1} = \lim_{x\to 1^-} \frac{x+1}{(x-1)(x+1)} = \lim_{x\to 1^-} \frac{1}{x-1} = \frac{1}{0^-} = -\infty.$$

O simbolo 0^- é usado para indicar que $(x-1)$ tende a zero e é negativo quando x tende a 1 pela esquerda.

Com SymPy

```
>>> from sympy import *
>>> x=symbols('x')
>>> expr=(x+1)/(x**2-1)
# quando tende pela esquerda
>>> limit(expr,x,1,'-')
-oo
```

2. O problema envolve uma indeterminação do tipo $\infty - \infty$. Temos que

$$\lim_{x\to 3^+} \left(\frac{1}{x-3} - \frac{2x^2-3}{x^2-9}\right) = \lim_{x\to 3^+} \left[\frac{1}{x-3} - \frac{2x^2-3}{(x-3)(x+3)}\right]$$

$$= \lim_{x\to 3^+} \frac{(x+3)-(2x^2-3)}{(x-3)(x+3)} = \lim_{x\to 3^+} \frac{-2x^2+x+6}{(x-3)(x+3)} = \frac{-9}{0^+\cdot 6} = -\infty.$$

1.6 Limites no Infinito

1.6.1 Definição

Seja f uma função definida no intervalo $(a, +\infty)$ onde a é um número real qualquer. O limite de $f(x)$ quando x cresce indefinidamente é o número L, e escrevemos

$$\lim_{x\to+\infty} f(x) = L,$$

se, para todo $\epsilon > 0$, existe $N > 0$, tal que

$$|f(x) - L| < \epsilon \text{ sempre que } x > N.$$

Analogamente, se f é uma função definida no intervalo $(-\infty\,, a)$, o limite de $f(x)$ quando x decresce indefinidamente é o número L se, para todo $\epsilon > 0$, existe $N < 0$, tal que

$$|f(x) - L| < \epsilon \text{ sempre que } x < N.$$

Neste caso, escrevemos

$$\lim_{x\to-\infty} f(x) = L.$$

Se n é um inteiro estritamente positivo, então

$$(i) \lim_{x\to+\infty} \frac{1}{x^n} = 0\,; \qquad (ii) \lim_{x\to-\infty} \frac{1}{x^n} = 0.$$

No SymPy um limite no infinito é indicado pelo argumento 'oo' (dois o's entre apóstrofos) e '-oo' menos infinito .

Exemplo:

$$\lim_{x\to\infty} \frac{2x^2 - 3x + 5}{x^2 + 1}$$

```
>>> from sympy import *
>>> x=symbols('x')
>>> expr=(2*x**2-3*x+5)/(x**2+1)
>>> limit(expr,x,'oo')
2
```

Exemplo

Calcule:

1. $\lim\limits_{x\to+\infty} \dfrac{1+2x}{2-x}$

2. $\lim\limits_{x\to-\infty} \dfrac{2x^2-3}{5x^3}$

3. $\lim\limits_{x\to-\infty} \dfrac{3x-2x^2}{x+1}$

4. $\lim\limits_{x\to+\infty} (\sqrt{x^2+2}-x)$

Resolução

1.

$$\lim_{x\to+\infty} \frac{1+2x}{2-x} = \lim_{x\to+\infty} \frac{x(\frac{1}{x}+2)}{x(\frac{2}{x}-1)} = \lim_{x\to+\infty} \frac{\frac{1}{x}+2}{\frac{2}{x}-1} = \frac{0+2}{0-1} = -2$$

2.

$$\lim_{x\to-\infty} \frac{2x^2-3}{5x^3} = \lim_{x\to-\infty} \frac{x^2(2-\frac{3}{x^2})}{5x^3} = \lim_{x\to-\infty} \frac{2-\frac{3}{x^2}}{5x} = \frac{2-0}{-\infty} = 0$$

3.

$$\lim_{x\to-\infty} \frac{3x-2x^2}{x+1} = \lim_{x\to-\infty} \frac{x^2(\frac{3}{x}-2)}{x(1+\frac{1}{x})} = \lim_{x\to-\infty} \frac{x(\frac{3}{x}-2)}{1+\frac{1}{x}} = \frac{-\infty(0-2)}{1+0} = +\infty$$

4. Há uma indeterminação do tipo $\infty - \infty$:

$$\lim_{x\to+\infty} (\sqrt{x^2+2}-x) = \lim_{x\to+\infty} \left[(\sqrt{x^2+2}-x) \times \left(\frac{\sqrt{x^2+2}+x}{\sqrt{x^2+2}+x}\right)\right]$$

$$= \lim_{x\to+\infty} \frac{(\sqrt{x^2+2}-x)(\sqrt{x^2+2}+x)}{\sqrt{x^2+2}+x} = \lim_{x\to+\infty} \frac{x^2+2-x^2}{\sqrt{x^2+2}+x}$$

$$= \lim_{x\to+\infty} \frac{2}{\sqrt{x^2+2}+x} = \frac{2}{\sqrt{+\infty+2}+\infty} = \frac{2}{+\infty} = 0$$

1.7 Limites Trigonométricos

Limite Fundamental

$$\lim_{x\to 0} \frac{\operatorname{sen} x}{x} = 1$$

Segue-se que

$$\lim_{x\to 0} \frac{\operatorname{sen} ax}{ax} = 1,$$

pois, tomando $u = a\,x$, quando $x \to 0$, temos que $u \to 0$ e

$$\lim_{x\to 0} \frac{\operatorname{sen} ax}{ax} = \lim_{u\to 0} \frac{\operatorname{sen} u}{u} = 1.$$

Exemplo

Calcule:

1. $\lim_{x\to 0} \frac{\operatorname{sen} 5x}{\operatorname{sen} 7x}$
2. $\lim_{x\to 0} \frac{1-\cos x}{x}$
3. $\lim_{x\to 0} \frac{\operatorname{tg}^2 x}{x}$
4. $\lim_{x\to 0} \frac{\operatorname{sen}^2 x}{1-\cos x}$
5. $\lim_{x\to 0} \frac{\operatorname{tg} x - \operatorname{sen} x}{x}$
6. $\lim_{x\to 0} \frac{\operatorname{sen}^2 4x}{\cos 3x - 1}$
7. $\lim_{x\to 0} \frac{\sec x - 1}{x \operatorname{cosec} x}$
8. $\lim_{x\to 0} \frac{\cos(x-a) - \cos a}{x}$
9. $\lim_{x\to \pi/2} \frac{1-\operatorname{sen}^3 x}{\cos^2 x}$
10. $\lim_{x\to 0} \frac{x + \operatorname{sen} 2x}{x - \operatorname{sen} 3x}$

Resolução

1.

$$\lim_{x\to 0} \frac{\operatorname{sen} 5x}{\operatorname{sen} 7x} = \lim_{x\to 0} \frac{\frac{\operatorname{sen} 5x}{x}}{\frac{\operatorname{sen} 7x}{x}} = \lim_{x\to 0} \frac{5\left(\frac{\operatorname{sen} 5x}{5x}\right)}{7\left(\frac{\operatorname{sen} 7x}{7x}\right)} = \frac{5}{7} \lim_{x\to 0} \frac{\frac{\operatorname{sen} 5x}{5x}}{\frac{\operatorname{sen} 7x}{7x}} = \frac{5}{7} \frac{\lim_{x\to 0} \frac{\operatorname{sen} 5x}{5x}}{\lim_{x\to 0} \frac{\operatorname{sen} 7x}{7x}} = \frac{5}{7}$$

Com Sympy

```
>>> from sympy import *
>>> x=symbols('x')
>>> expr=sin(5*x)/sin(7*x)
>>> limit(expr,x,0)
5/7
```

2.

$$\begin{aligned}
\lim_{x\to 0} \frac{1-\cos x}{x} &= \lim_{x\to 0} \left(\frac{1-\cos x}{x} \times \frac{1+\cos x}{1+\cos x}\right) \\
&= \lim_{x\to 0} \left(\frac{1-\cos^2 x}{x} \times \frac{1}{1+\cos x}\right) = \lim_{x\to 0} \left(\frac{\operatorname{sen}^2 x}{x} \times \frac{1}{1+\cos x}\right) \\
&= \lim_{x\to 0} \left(\operatorname{sen} x \times \frac{\operatorname{sen} x}{x} \times \frac{1}{1+\cos x}\right) \\
&= \left(\lim_{x\to 0} \operatorname{sen} x\right) \times \left(\lim_{x\to 0} \frac{\operatorname{sen} x}{x}\right) \times \left(\lim_{x\to 0} \frac{1}{1+\cos x}\right) = 0 \times 1 \times \frac{1}{2} = 0
\end{aligned}$$

3.

$$\begin{aligned}
\lim_{x\to 0} \frac{\operatorname{tg}^2 x}{x} &= \lim_{x\to 0} \frac{\operatorname{sen}^2 x}{x \cos^2 x} = \lim_{x\to 0} \left(\operatorname{sen} x \times \frac{\operatorname{sen} x}{x} \times \frac{1}{\cos^2 x}\right) \\
&= \left(\lim_{x\to 0} \operatorname{sen} x\right) \times \left(\lim_{x\to 0} \frac{\operatorname{sen} x}{x}\right) \times \left(\lim_{x\to 0} \frac{1}{\cos^2 x}\right) = 0 \times 1 \times 1 = 0
\end{aligned}$$

4.

$$\lim_{x\to 0}\frac{\operatorname{sen}^2 x}{1-\cos x}=\lim_{x\to 0}\left(\frac{\operatorname{sen}^2 x}{1-\cos x}\times\frac{1+\cos x}{1+\cos x}\right)$$

$$=\lim_{x\to 0}\left[\frac{\operatorname{sen}^2 x}{1-\cos^2 x}\times(1+\cos x)\right]=\lim_{x\to 0}\left[\frac{\operatorname{sen}^2 x}{\operatorname{sen}^2 x}\times(1+\cos x)\right]$$

$$=\lim_{x\to 0}(1+\cos x)=1+1=2$$

5.

$$\lim_{x\to 0}\frac{\operatorname{tg} x-\operatorname{sen} x}{x}=\lim_{x\to 0}\left(\frac{\operatorname{tg} x}{x}-\frac{\operatorname{sen} x}{x}\right)$$

$$=\lim_{x\to 0}\left(\frac{\frac{\operatorname{sen} x}{\cos x}}{x}-\frac{\operatorname{sen} x}{x}\right)=\lim_{x\to 0}\left(\frac{1}{\cos x}\times\frac{\operatorname{sen} x}{x}-\frac{\operatorname{sen} x}{x}\right)$$

$$=\left(\lim_{x\to 0}\frac{1}{\cos x}\right)\times\left(\lim_{x\to 0}\frac{\operatorname{sen} x}{x}\right)-\left(\lim_{x\to 0}\frac{\operatorname{sen} x}{x}\right)=1\times 1-1=0$$

6.

$$\lim_{x\to 0}\frac{\operatorname{sen}^2 4x}{\cos 3x-1}=\lim_{x\to 0}\left(\frac{\operatorname{sen}^2 4x}{\cos 3x-1}\times\frac{\cos 3x+1}{\cos 3x+1}\right)$$

$$=\lim_{x\to 0}\left[\frac{\operatorname{sen}^2 4x}{\cos^2 3x-1}(\cos 3x+1)\right]=\lim_{x\to 0}\left[\frac{\operatorname{sen}^2 4x}{-\operatorname{sen}^2 3x}(\cos 3x+1)\right]$$

$$=-\lim_{x\to 0}\left[(\operatorname{sen} 4x)^2\times\left(\frac{1}{\operatorname{sen} 3x}\right)^2\times(\cos 3x+1)\right]$$

$$=-\lim_{x\to 0}\left[16x^2\left(\frac{\operatorname{sen} 4x}{4x}\right)^2\times\frac{1}{9x^2}\left(\frac{3x}{\operatorname{sen} 3x}\right)^2\times(\cos 3x+1)\right]$$

$$=-\frac{16}{9}\lim_{x\to 0}\left[\left(\frac{\operatorname{sen} 4x}{4x}\right)^2\times\left(\frac{1}{\frac{\operatorname{sen} 3x}{3x}}\right)^2\times(\cos 3x+1)\right]$$

$$=-\frac{16}{9}\left(\lim_{x\to 0}\frac{\operatorname{sen} 4x}{4x}\right)^2\times\left(\frac{1}{\lim_{x\to 0}\frac{\operatorname{sen} 3x}{3x}}\right)\times\lim_{x\to 0}(\cos 3x+1)$$

$$=-\frac{16}{9}\times 1\times 1\times 2=-\frac{32}{9}$$

7.

$$\lim_{x\to 0}\frac{\sec x-1}{x\operatorname{cosec} x}=\lim_{x\to 0}\frac{\frac{1}{\cos x}-1}{x\frac{1}{\operatorname{sen} x}}=\lim_{x\to 0}\left(\frac{1-\cos x}{\cos x}\times\frac{\operatorname{sen} x}{x}\right)=$$

$$=\left(\lim_{x\to 0}\frac{1-\cos x}{\cos x}\right)\times\left(\lim_{x\to 0}\frac{\operatorname{sen} x}{x}\right)=(1-1)\times 1=0$$

8.

$$\lim_{x\to 0}\frac{\cos(x-a)-\cos a}{x}=\lim_{x\to 0}\frac{\cos x\cos a+\operatorname{sen}x\operatorname{sen}a-\cos a}{x}$$

$$=\lim_{x\to 0}\left(\frac{\cos a(\cos x-1)}{x}+\frac{\operatorname{sen}x\operatorname{sen}a}{x}\right)$$

$$=\lim_{x\to 0}\left(\cos a\frac{\cos x-1}{x}\times\frac{\cos x+1}{\cos x+1}+\operatorname{sen}a\frac{\operatorname{sen}x}{x}\right)$$

$$=\lim_{x\to 0}\left(\cos a\frac{\cos^2 x-1}{x}\times\frac{1}{\cos x+1}+\operatorname{sen}a\frac{\operatorname{sen}x}{x}\right)$$

$$=\lim_{x\to 0}\left[\cos a\frac{1}{\cos x+1}\frac{-\operatorname{sen}^2 x}{x}+\operatorname{sen}a\frac{\operatorname{sen}x}{x}\right]$$

$$=\lim_{x\to 0}\left(-\cos a\frac{1}{\cos x+1}x\frac{\operatorname{sen}^2 x}{x^2}+\operatorname{sen}a\frac{\operatorname{sen}x}{x}\right)$$

$$=\lim_{x\to 0}\left[-\cos a\frac{1}{\cos x+1}x\left(\frac{\operatorname{sen}x}{x}\right)^2+\operatorname{sen}a\frac{\operatorname{sen}x}{x}\right]$$

$$=-\cos a\left[\lim_{x\to 0}\frac{1}{\cos x+1}\right]\times\left(\lim_{x\to 0}x\right)\times\left(\lim_{x\to 0}\frac{\operatorname{sen}x}{x}\right)^2+\operatorname{sen}a\left(\lim_{x\to 0}\frac{\operatorname{sen}x}{x}\right)$$

$$=-\cos a\times\frac{1}{2}\times 0\times 1+\operatorname{sen}a\times 1=\operatorname{sen}a$$

9.

$$\lim_{x\to\pi/2}\frac{1-\operatorname{sen}^3 x}{\cos^2 x}=\lim_{x\to\pi/2}\frac{\cos^2 x+\operatorname{sen}^2 x-\operatorname{sen}^3 x}{\cos^2 x}=\lim_{x\to\pi/2}\left(1+\operatorname{sen}^2 x\times\frac{1-\operatorname{sen}x}{\cos^2 x}\right)$$

$$=\lim_{x\to\pi/2}\left(1+\frac{\operatorname{sen}^2 x}{\cos^2 x}\times\frac{1-\operatorname{sen}^2 x}{1+\operatorname{sen}x}\right)=\lim_{x\to\pi/2}\left(1+\frac{\operatorname{sen}^2 x}{\cos^2 x}\times\frac{\cos^2 x}{1+\operatorname{sen}x}\right)$$

$$=\lim_{x\to\pi/2}\left(1+\operatorname{sen}^2 x\times\frac{1}{1+\operatorname{sen}x}\right)=1+1\times\frac{1}{2}=\frac{3}{2}$$

10.

$$\lim_{x\to 0}\frac{x+\operatorname{sen}2x}{x-\operatorname{sen}3x}=\lim_{x\to 0}\frac{x}{x}\frac{1+\frac{\operatorname{sen}2x}{x}}{1-\frac{\operatorname{sen}3x}{x}}=\lim_{x\to 0}\frac{1+2\frac{\operatorname{sen}2x}{2x}}{1-3\frac{\operatorname{sen}3x}{3x}}=\frac{1+2\lim\limits_{x\to 0}\frac{\operatorname{sen}2x}{2x}}{1-3\lim\limits_{x\to 0}\frac{\operatorname{sen}3x}{3x}}=\frac{1+2}{1-3}=-\frac{3}{2}$$

1.8 Limites Exponenciais e Logarítmicos

Limites Fundamentais

(i) $\displaystyle\lim_{x\to+\infty}\left(1+\frac{1}{x}\right)^x=e$ $\qquad$ (ii) $\displaystyle\lim_{x\to 0}\frac{a^x-1}{x}=\ln a$

Aqui $e \approx 2,718281828$, $a > 0$ e $a \neq 1$.

Se $\lim_{x \to a} g(x) = b$ e se f é uma função contínua em b (veja a definição em 1.9), então

$$\lim_{x \to a} (f \circ g)(x) = f(b)$$

ou, de forma equivalente,

$$\lim_{x \to a} f(g(x)) = f(\lim_{x \to a} g(x)).$$

Exemplo

Calcule:

1. $\lim_{x \to +\infty} \left(1 + \frac{1}{x}\right)^{3x}$ **2.** $\lim_{x \to -\infty} \left(\frac{x}{1+x}\right)^{x}$ **3.** $\lim_{x \to 0^+} \frac{3^{2x} - 1}{x}$

Resolução

1.

$$\lim_{x \to +\infty} \left(1 + \frac{1}{x}\right)^{3x} = \lim_{x \to +\infty} \left[\left(1 + \frac{1}{x}\right)^{x}\right]^3 = \left[\lim_{x \to +\infty} \left(1 + \frac{1}{x}\right)^{x}\right]^3 = e^3$$

Com SymPy

```
>>> from sympy import*
>>> x=symbols('x')
>>> expr=(1+1/x)**(3*x)
>>> limit(expr,x,'oo')
exp(3)
```

Observação: exp(3) significa e^3. Para maiores detalhes sobre as potências e logarítmos do Sympy recomendamos consultar o endereço http://docs.sympy.org/0.7.1/modules/mpmath/functions/powers.html.

2. Note que

$$\lim_{x \to -\infty} \left(\frac{x}{1+x}\right)^{x} = \lim_{x \to -\infty} \left(1 - \frac{1}{x+1}\right)^{x}.$$

Seja $\frac{-1}{1+x} = \frac{1}{u}$. Então, $u = -x - 1$. Quando $x \to -\infty$, temos que $u \to +\infty$ e

$$\lim_{x \to -\infty} \left(\frac{x}{1+x}\right)^{x} = \lim_{x \to -\infty} \left(1 - \frac{1}{x+1}\right)^{x} = \lim_{u \to +\infty} \left(1 + \frac{1}{u}\right)^{-u-1}$$

$$= \lim_{u \to +\infty} \left[\left(1 + \frac{1}{u}\right)^{-u} \times \left(1 + \frac{1}{u}\right)^{-1}\right]$$

$$= \lim_{u \to +\infty} \left[\frac{1}{(1 + \frac{1}{u})^{u}} \times \frac{1}{(1 + \frac{1}{u})}\right] = \frac{1}{e} \times \frac{1}{1+0} = \frac{1}{e}.$$

3.

$$\lim_{x\to 0^+} \frac{3^{2x}-1}{x} = \lim_{x\to 0^+} \frac{9^x-1}{x} = \ln 9$$

Note que $\lim_{x\to 0} \frac{a^x-1}{x} = \ln a$ pode ser obtido de $\lim_{x\to+\infty} \left(1+\frac{1}{x}\right)^x = e$ através da mudança de variável $u = a^x - 1$. De fato, quando $x \to 0^+$, temos que $u \to 0^+$. Além disso,

$$a^x = u+1 \Rightarrow \ln a^x = \ln(u+1) \Rightarrow x \ln a = \ln(u+1) \Rightarrow x = \frac{\ln(u+1)}{\ln a}.$$

Logo,

$$\lim_{x\to 0^+} \frac{a^x-1}{x} = \lim_{u\to 0^+} \frac{u}{\frac{\ln(u+1)}{\ln a}} = \ln a \times \lim_{u\to 0^+} \frac{u}{\ln(u+1)} = \ln a \times \lim_{u\to 0^+} \frac{1}{\frac{1}{u}\ln(u+1)}$$

$$= \ln a \times \lim_{u\to 0^+} \frac{1}{\ln(u+1)^{1/u}}.$$

Cálculo de $\lim_{u\to 0^+} \ln(u+1)^{1/u}$

Seja $u = \frac{1}{v}$. Então, quando $u \to 0^+$, temos $v \to +\infty$ e

$$\lim_{u\to 0^+} \ln(u+1)^{1/u} = \lim_{v\to+\infty} \ln\left(1+\frac{1}{v}\right)^v = \ln \lim_{v\to+\infty} \left(1+\frac{1}{v}\right)^v = \ln e = 1.$$

Finalmente,

$$\lim_{x\to 0^+} \frac{a^x-1}{x} = \ln a \times \lim_{u\to 0^+} \frac{1}{\ln(u+1)^{1/u}} = \ln a \times 1 = \ln a.$$

1.9 Continuidade

1.9.1 Definição

Diz-se que uma função f é contínua num número a pertencente ao seu domínio se, e somente se,

$$(i) \lim_{x\to a} f(x) \text{ existe} \qquad \text{e} \qquad (ii) \lim_{x\to a} f(x) = f(a).$$

Uma função f é dita contínua num intervalo I se for contínua em todos os pontos de I.

1.9.2 Algumas propriedades de funções contínuas

Se f e g são funções contínuas em um número a, então:

(*i*) $f \pm g$ é contínua em a;

(*ii*) $f \times g$ é contínua em a;

(*iii*) f/g é contínua em a, desde que $g(a) \neq 0$.

Toda função polinomial é contínua em $\mathbb{R}$. Toda função racional é contínua em seu domínio. As funções seno, cosseno, tangente, cotangente, secante e cossecante são contínuas em seus domínios.

Exemplo

Ache os números a e b que tornam a função

$$f(x) = \begin{cases} 3x + 6a & \text{se} \quad x < -3 \\ 3ax - 7b & \text{se} \quad -3 \leq x \leq 3 \\ x - 12b & \text{se} \quad x > 3 \end{cases}$$

contínua para todo x real.

Resolução

A função $f(x)$ é contínua para todo $x \neq -3$ e $x \neq 3$. Devemos impor a continuidade em $x = -3$ e em $x = 3$.

(i) $f(x)$ é contínua em $x = -3$ se, e somente se,

$$\lim_{x \to -3^-} f(x) = f(-3) \Rightarrow \lim_{x \to -3^-} (3x + 6a) = -9a - 7b \Rightarrow -9 + 6a = -9a - 7b \Rightarrow 15a + 7b = 9.$$

(ii) $f(x)$ é contínua em $x = 3$ se, e somente se,

$$\lim_{x \to 3^+} f(x) = f(3) \Rightarrow \lim_{x \to 3^+} (x - 12\,b) = 9a - 7b \Rightarrow 3 - 12\,b = 9a - 7b.$$

Concluindo, temos que $f(x)$ é contínua para todo x real se, e somente se,

$$\begin{cases} 15\,a + 7\,b = 9 \\ 9\,a + 5\,b = 3 \end{cases} \Rightarrow \begin{cases} a = 2 \\ b = -3 \end{cases}.$$

1.10 Exercícios Propostos

Limites de funções algébricas

1. Calcule:

(a) $\displaystyle\lim_{x \to 3} \sqrt{\frac{x^2 + 3x + 1}{x^3 - 2}}$

(i) $\displaystyle\lim_{x \to +\infty} \frac{2x^2 - 3x + 5}{x^2 + 1}$

(b) $\lim_{x \to 2} \frac{2x^2 - 3x - 2}{3x^2 + x - 14}$

(c) $\lim_{x \to 2} \frac{x^4 - 16}{x - 2}$

(d) $\lim_{x \to 4} \frac{\sqrt{x} - 2}{x - 4}$

(e) $\lim_{x \to 2^+} \frac{\sqrt{x^2 - 4}}{x - 2}$

(f) $\lim_{x \to -3^+} \frac{-x^3 + 9x^2 - 20x}{x^2 - x - 12}$

(g) $\lim_{x \to 0^-} \frac{-x - 1}{1 - \sqrt{x^2 - x + 1}}$

(h) $\lim_{x \to -\infty} \frac{7x - 2}{x + 3}$

(j) $\lim_{x \to -\infty} \frac{2x^3 - 2x + 8}{4x^2 + 1}$

(l) $\lim_{x \to -\infty} \left(2x - \frac{1}{x^3}\right)$

(m) $\lim_{x \to +\infty} \frac{\sqrt{x^2 + 1}}{x + 2}$

(n) $\lim_{x \to -\infty} (\sqrt[3]{x^3 + x} - \sqrt[3]{x^3 + 2})$

(o) $\lim_{x \to +\infty} \frac{\sqrt{x + \sqrt{x + \sqrt{x}}}}{\sqrt{x + 2}}$

(p) $\lim_{x \to 0^+} \left(\sqrt{\frac{1}{x} + \sqrt{\frac{1}{x} + \sqrt{\frac{1}{x}}}} - \sqrt{\frac{1}{x} - \sqrt{\frac{1}{x} + \sqrt{\frac{1}{x}}}}\right)$

(q) $\lim_{x \to +\infty} x^{\frac{1}{3}}[(x + 1)^{\frac{2}{3}} - (x - 1)^{\frac{2}{3}}]$

2. Calcule, caso exista, o limite da função no número p dado:

(a) $f(x) = \begin{cases} x^2 + 2 & \text{se } x < 2 \\ 8 - x & \text{se } x \geq 2 \end{cases}$

$p = 2$

(b) $f(x) = \begin{cases} |1 - x| & \text{se } x < 1 \\ -1 & \text{se } x = 1 \\ |x - 1| & \text{se } x > 1 \end{cases}$

$p = 1$

(c) $f(x) = \begin{cases} x - 2 & \text{se } x < 0 \\ x^2 + 1 & \text{se } 0 \leq x \leq 2 \\ x + 4 & \text{se } x > 2 \end{cases}$

(i) $p = 0$ (ii) $p = 2$

(d) $f(x) = \frac{x^3 - 4x^2 + x + 6}{|2x^2 - 9x + 10|}$, $x \in \mathbb{R} - \{2, \frac{5}{2}\}$

$p = 2$

3. Determine os valores das constantes a e b para os quais $\lim_{x \to 2} f(x)$ existe se

$$f(x) = \begin{cases} \dfrac{2x^2 - 3x - 2}{x - 2} & \text{se } x < 2 \\ x^2 - ax + 1 & \text{se } x \geq 2 \end{cases}.$$

Limites Fundamentais

4. Calcule os seguintes limites:

(a) $\lim_{x \to 0} \frac{1 - \sec x}{\operatorname{tg} x}$

(g) $\lim_{x \to \pi/3} \frac{1 - 2\cos x}{\pi - 3x}$

(b) $\lim_{x \to a} \dfrac{\operatorname{sen} x - \operatorname{sen} a}{x - a}$

(c) $\lim_{x \to 0} \dfrac{2x^2 - 3x}{2 \operatorname{sen} x}$

(d) $\lim_{x \to 0} \dfrac{\operatorname{cosec} 3x}{\operatorname{cotg} 2x}$

(e) $\lim_{x \to \pi/2} \dfrac{\operatorname{sen} x - 1}{1 - \operatorname{cosec} x}$

(f) $\lim_{x \to 0} \dfrac{\cos 2x - \cos 3x}{x^2}$

(h) $\lim_{x \to 0} \dfrac{\sqrt{1 + \operatorname{sen} x} - \sqrt{1 - \operatorname{sen} x}}{2x}$

(i) $\lim_{x \to -\infty} \left(\dfrac{2x - 1}{2x + 1}\right)^{3x}$

(j) $\lim_{x \to 0^+} \dfrac{\ln(1 + 5x)}{2x}$

(l) $\lim_{x \to 0} \left[\operatorname{tg}\left(\frac{\pi}{4} - x\right)\right]^{\operatorname{cotg} x}$

(m) $\lim_{x \to \sqrt{2}} \dfrac{3^x - 3^{\sqrt{2}}}{x - \sqrt{2}}$

Continuidade

5. Ache os números a e b que tornam a função dada contínua para todo x real em cada item.

(a) $f(x) = \begin{cases} \operatorname{sen} x & \text{se} \quad x < \pi/2 \\ ax + b & \text{se} \quad \pi/2 \leq x \leq \pi \\ x + 3b & \text{se} \quad x > \pi \end{cases}$

(b) $f(x) = \begin{cases} x^2 & \text{se} \quad x < -2 \\ a\,x + b & \text{se} \quad -2 \leq x \leq 2 \\ 2\,x - 6 & \text{se} \quad x > 2 \end{cases}$

6. Determine k para que $f(x) = \begin{cases} \dfrac{(x^3 + 1)(e^x - 1)}{x^5 + 4x^3 + 4x} & \text{se} \quad x < 0 \\ k & \text{se} \quad x = 0 \\ \dfrac{\operatorname{sen} 4x}{\ln(1 + 16x)} & \text{se} \quad x > 0 \end{cases}$ seja contínua em $x = 0$.

CAPÍTULO 2

A DERIVADA E SUAS APLICAÇÕES

2.1 A Derivada de uma Função

2.1.1 Definição

A derivada de uma função f é uma função f' definida por

$$f'(x) = \lim_{\Delta x \to 0} \frac{f(x + \Delta x) - f(x)}{\Delta x}$$

para todo x no domínio de f em que o limite existe.

A derivada de f no ponto x_0 é a taxa de variação de f em relação a x em x_0.

Exemplo

Use a definição de derivada para obter a derivada das funções que seguem.

1. $f(x) = x^2 + 5$ **2.** $f(x) = \dfrac{2 + x}{x - 1}$

Resolução

1.

$$f'(x) = \lim_{\Delta x \to 0} \frac{f(x + \Delta x) - f(x)}{\Delta x} = \lim_{\Delta x \to 0} \frac{[(x + \Delta x)^2 + 5] - (x^2 + 5)}{\Delta x}$$

$$= \lim_{\Delta x \to 0} \frac{x^2 + 2\,x\,\Delta x + (\Delta x)^2 + 5 - x^2 - 5}{\Delta x} \lim_{\Delta x \to 0} \frac{2\,x\,\Delta x + (\Delta x)^2}{\Delta x}$$

$$= \;= \lim_{\Delta x \to 0} (2\,x + \Delta x) = 2\,x$$

2.

$$
\begin{aligned}
f'(x) = \lim_{\Delta x \to 0} \frac{f(x+\Delta x) - f(x)}{\Delta x} &= \lim_{\Delta x \to 0} \frac{\frac{2+x+\Delta x}{x+\Delta x-1} - \frac{2+x}{x-1}}{\Delta x} \\
&= \lim_{\Delta x \to 0} \frac{(x-1)(2+x+\Delta x) - (2+x)(x+\Delta x-1)}{\Delta x\,(x+\Delta x-1)(x-1)} \\
&= \lim_{\Delta x \to 0} \frac{(x+x^2+x\,\Delta x-2-\Delta x) - (x+2\,\Delta x-2+x^2+x\,\Delta x)}{\Delta x\,(x+\Delta x-1)(x-1)} \\
&= \lim_{\Delta x \to 0} \frac{-3\,\Delta x}{\Delta x\,(x+\Delta x-1)(x-1)} = \lim_{\Delta x \to 0} \frac{-3}{(x+\Delta x-1)(x-1)} \\
&= \frac{-3}{(x-1)(x-1)} = -\frac{3}{(x-1)^2}
\end{aligned}
$$

2.2 Propriedades

Suponha que f e g são funções deriváveis em x e seja c uma constante. Então

(i) $(f(x) \pm g(x))' = f'(x) \pm g'(x)$

(ii) $(c\,f(x))' = c\,f'(x)$

(iii) $(f(x)\,g(x))' = f'(x)\,g(x) + f(x)\,g'(x)$

(iv) $\left(\dfrac{c}{f(x)}\right)' = -c\,\dfrac{f'(x)}{[f(x)]^2}$

(v) $\left(\dfrac{f(x)}{g(x)}\right)' = \dfrac{f'(x)\,g(x) - f(x)\,g'(x)}{[g(x)]^2}$

2.3 Retas Tangente e Normal

Seja f uma função contínua em $x = x_0$. Definimos a reta tangente t ao gráfico de f no ponto $(x_0, f(x_0))$ como

$$y - f(x_0) = a_T(x - x_0),$$

onde $a_T = f'(x_0)$ é o coeficiente angular da reta tangente, se $f'(x_0) = \lim\limits_{\Delta x \to 0} \dfrac{f(x_0+\Delta x) - f(x_0)}{\Delta x}$ existe.

Se o limite é infinito, a reta tangente é vertical e sua equação é $x = x_0$. A reta normal n ao gráfico de f no ponto $(x_0, f(x_0))$ é dada por

$$y - f(x_0) = a_N(x - x_0),$$

onde $a_N = -\dfrac{1}{a_T}$ é o seu coeficiente angular. As retas tangente e normal se cruzam no ponto $(x_0, f(x_0))$ formando um ângulo de 90°.

Exemplo

Obtenha equações das retas tangente e normal às curvas:

1. $y = x^2$ no ponto de abscissa 1;
2. $y = \cosh x$ no ponto de abscissa -2.

Resolução

1. Reta Tangente: $y - y_0 = a_T\,(x - x_0)$, onde

$$x_0 = 1,\ y_0 = 1 \quad \text{e} \quad a_T = \left.\frac{dy}{dx}\right|_{x_0=1} = 2.$$

Então,

$$y - 1 = 2(x-1) \ \Rightarrow\ y = 2x - 1.$$

Reta Normal: $y - y_0 = a_N\,(x - x_0)$
Logo,

$$y - 1 = -\frac{1}{2}(x-1) \ \Rightarrow\ y == -\frac{1}{2}x + \frac{3}{2}.$$

Com SymPy

Definir a função $f(x) = x^2$:

```
>>> from sympy import *
>>> x=symbols('x')
>>> eq=x**2
```

Obter y_0:

```
>>> y=eq.subs(x,1)
>>> y
1
```

Obter $f'(x)$:

```
>>> diff(eq,x)
2*x
```

Calcular a_T:

```
>>> g=2*x
>>> z=g.subs(x,1)
>>> z
2
```

A curva que representa a função e as retas tangentes e normal, calculada pelo SymPy é apresentada a seguir:

```
>>> plot(x**2,2*x-1,-x/2+1.5,xlim=(-2,2),ylim=(-1,2))
```

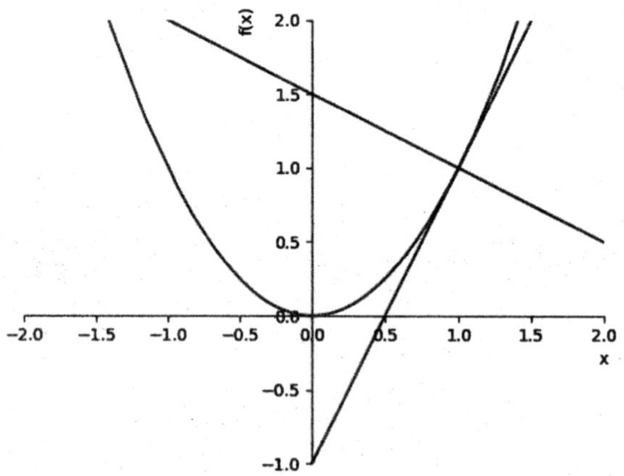

Figura 2.1: Tangente e Normal

2. Reta Tangente: $y - y_0 = a_T\,(x - x_0)$, onde

$$x_0 = -2,\ y_0 = \cosh(-2) = \frac{e^{-2} + e^{2}}{2} \quad \text{e} \quad a_T = \left.\frac{dy}{dx}\right|_{-2} = \frac{e^{-2} - e^{2}}{2}.$$

Então,

$$y - \frac{e^{-2} + e^{2}}{2} = \frac{e^{-2} - e^{2}}{2}\,(x + 2) \Rightarrow y = \frac{e^{-2} - e^{2}}{2}\,x + \frac{3}{2}\,e^{-2} - \frac{1}{2}\,e^{2}.$$

Reta Normal: $y - y_0 = a_N\,(x - x_0)$

Logo,

$$y - \frac{e^{-2} + e^{2}}{2} = \frac{2}{e^{-2} - e^{2}}\,(x + 2) \Rightarrow y = \frac{2}{e^{-2} - e^{2}}\,x + \frac{4}{e^{-2} - e^{2}} + \frac{e^{-2} + e^{2}}{2}.$$

2.3.1 Tabela de Derivadas

Apresentamos a seguir uma pequena tabela com as funções mais usuais e suas derivadas. Uma tabela mais completa é apresentada no Apêndice D.

Sejam $a > 0$, $a \neq 1$ e r racional.

$f(x)$	$f'(x)$
c	0
x^r	rx^{r-1}
a^x	$a^x \ln a$
e^x	e^x
$\log_a x$	$\dfrac{1}{x \ln a}$
$\ln x$	$\dfrac{1}{x}$
$\operatorname{sen} x$	$\cos x$
$\cos x$	$-\operatorname{sen} x$
$\operatorname{tg} x$	$\sec^2 x$
$\operatorname{cotg} x$	$-\operatorname{cosec} x$
$\sec x$	$\sec x \operatorname{tg} x$
$\operatorname{cosec} x$	$-\operatorname{cosec} x \operatorname{cotg} x$
$\operatorname{arcsen} x$	$\dfrac{1}{\sqrt{1-x^2}}$
$\arccos x$	$-\dfrac{1}{\sqrt{1-x^2}}$
$\operatorname{arctg} x$	$\dfrac{1}{1+x^2}$

Exemplo

Derive as funções:

1. $f(x) = 3x^5 + 5x^2 - 8x + 1$

2. $f(x) = \operatorname{sen} x \cos x$

3. $f(x) = \dfrac{x}{x+1}$

4. $f(x) = 4x^3 - 3\sqrt{x^3}$

5. $f(x) = 3x^2 - \dfrac{5}{x^2}$

6. $f(x) = x \sec x$

7. $f(x) = \dfrac{xe^x}{x^2+1}$

8. $f(x) = 3\sqrt[3]{x} \ln x$

9. $f(x) = \log_5(x) + 8 \operatorname{arctg} x$

10. $f(x) = \dfrac{1}{x} - \sqrt[5]{x^2} + 2x \operatorname{tg} x - 3^x$

Resolução

1.

$$f'(x) = 15x^4 + 10x - 8$$

2.

$$f'(x) = \cos x \cos x + \operatorname{sen} x(-\operatorname{sen} x) = \cos^2 x - \operatorname{sen}^2 x = \cos 2x$$

3.
$$f'(x) = \frac{x+1-x}{(x+1)^2} = \frac{1}{(x+1)^2}$$

4.
$$f(x) = 4x^3 - 3\sqrt{x^3} = 4x^3 - 3x^{3/2} \Rightarrow f'(x) = 12x^2 - \frac{9}{2}x^{1/2} = 12x^2 - \frac{9}{2}\sqrt{x}$$

5.
$$f(x) = 3x^2 - \frac{5}{x^2} = 3x^2 - 5x^{-2} \Rightarrow f'(x) = 6x - 5(-2)x^{-3} = 6x + \frac{10}{x^3}$$

6.
$$f'(x) = \sec x + x \sec x \,\mathrm{tg} x = \sec x(1 + x\,\mathrm{tg} x)$$

7.
$$f'(x) = \frac{(xe^x)'(x^2+1) - xe^x(x^2+1)'}{(x^2+1)^2} = \frac{(e^x + xe^x)(x^2+1) - xe^x 2x}{(x^2+1)^2} = \frac{e^x(x^3 - x^2 + x + 1)}{(x^2+1)^2}$$

8.
$$f(x) = 3\sqrt[3]{x}\ln x = 3x^{1/3}\ln x \Rightarrow f'(x) = 3\frac{1}{3}x^{-2/3}\ln x + 3x^{1/3}\frac{1}{x} = \frac{\ln x + 3}{\sqrt[3]{x^2}}$$

9.
$$f'(x) = \frac{1}{x\ln 5} + \frac{8}{1+x^2}$$

10.
$$f(x) = \frac{1}{x} - \sqrt[5]{x^2} + 2x\,\mathrm{tg} x - 3^x = x^{-1} - x^{2/5} + 2x\,\mathrm{tg} x - 3^x$$
$$f'(x) = -x^{-2} - \frac{2}{5}x^{-3/5} + 2(\,\mathrm{tg} x + x\sec^2 x) - 3^x\ln 3 = -\frac{1}{x^2} - \frac{2}{5\sqrt[5]{x^3}} + 2(\,\mathrm{tg} x + x\sec^2 x) - 3^x\ln 3$$

2.3.2 Derivação no SymPy

Usando a definição dada, é possível calcular as derivadas de uma função a partir do limite. Veja o exemplo do cálculo da derivada de $\mathrm{tg}(x)$.

```
>>> from sympy import *
>>> x,y=symbols('x y')
>>> limit((tan(x+y)-tan(x))/y, y, 0)
tan(x)**2 + 1
```

Com SymPy use a função *diff(expressão,variável)* para computar a derivada da expressão em relação à variável x.

```
>>> from sympy import *
>>> x=symbols('x')
>>> diff(tan(x),x)
tan(x)**2 + 1
```

A análise do gráfico de uma função junto de sua derivada pode ser extremamente útil na resolução de problemas. No exemplo a seguir foi calculada a derivada de $\mathrm{sen}(x^2)$ e em seguida foram construídos os gráficos da função e sua derivada.

```
>>> from sympy import *
>>> x=symbols('x')
>>> eq=sin(x**2)
>>> eqd=diff(eq,x)
>>> plot(eq,eqd,legend=True)
```

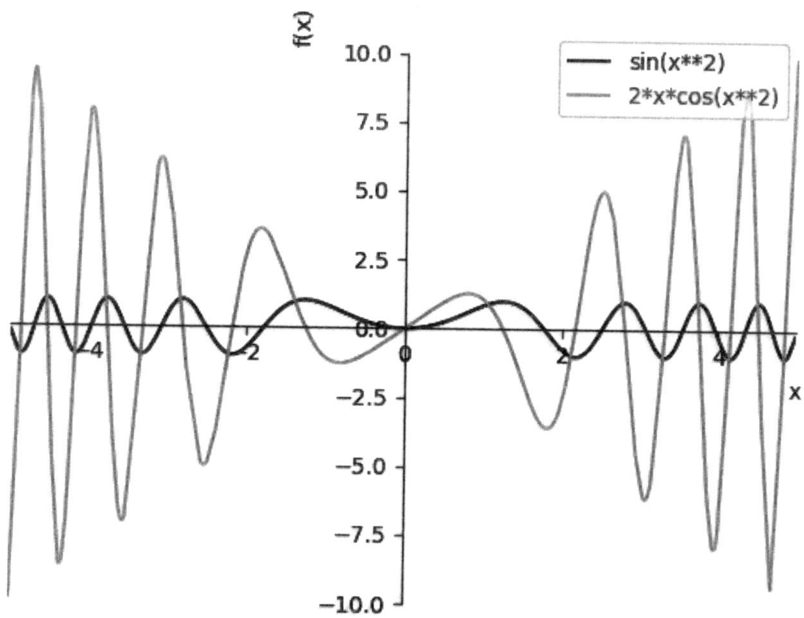

Figura 2.2: Função e sua derivada

2.4 Derivadas de ordem superior

A derivada da derivada de $y = f(x)$ é chamada de derivada segunda de y e é representada por y'' ou $\dfrac{d^2y}{dx^2}$. De modo análogo, pode-se definir a derivada terceira de y, representada por y''' ou $\dfrac{d^3y}{dx^3}$, e assim por diante; representa-se a derivada de ordem n de y por $y^{(n)}$ ou $\dfrac{d^ny}{dx^n}$.

Exemplo

Calcule as derivadas sucessivas:

1. $f(x) = 3x^4 - 2x^3 + x^2 + 6x - 7$

2. $f(x) = \operatorname{sen} x$

Resolução

1.

$$f'(x) = 12x^3 - 6x^2 + 6,\ f''(x) = 36x^2 - 12x,\ f'''(x) = 72x - 12,\ f^{iv}(x) = 72,\ \ldots,$$

$$f^{(n)}(x) = 0,\ n \geq 5$$

2.

$$f'(x) = \cos x,\ f''(x) = -\operatorname{sen} x = \cos\left(x + \frac{\pi}{2}\right),\ f'''(x) = -\cos x = \cos(x + \pi)$$

$$f^{iv}(x) = \operatorname{sen} x = \cos\left(x + \frac{3\pi}{2}\right), \ldots, f^{(n)}(x) = \cos\left(x + \frac{n\pi}{2}\right),\ \forall n \in \mathbb{N}$$

Derivadas de ordem superior com SymPy

Pode-se calcular facilmente derivadas de segunda, terceira e maiores ordens da seguinte forma, onde o último parâmetro indica a ordem da derivada:

diff(expressão,x,x,x,...)

de modo que:

f'(x) = diff(expressão,x)

f''(x) = diff(expressão,x,x)

f'''(x) = diff(expressão,x,x,x)

etc...

Por exemplo:

```
>>> from sympy import *
>>> x=symbols('x')
>>> eq=sin(x**2)
>>> diff(eq,x)
2*x*cos(x**2)
>>> diff(eq,x,x)
2*(-2*x**2*sin(x**2) + cos(x**2))
>>> # ou
>>> diff(eq,x,2)
2*(-2*x**2*sin(x**2) + cos(x**2))
```

2.5 A Regra da Cadeia

Se g é uma função derivável em x e f é uma função derivável em $g(x)$, então a função composta $f \circ g$ é derivável em x, e

$$(f \circ g)'(x) = f'(g(x))\, g'(x)$$

O teorema acima pode também ser formulado da seguinte maneira.

Teorema (Regra da Cadeia)

Se $y = f(u)$ e $\frac{dy}{du}$ existe e se $u = g(x)$ e $\frac{du}{dx}$ existe, então, y é uma função de x e

$$\frac{dy}{dx} = \frac{dy}{du} \times \frac{du}{dx}.$$

Exemplo

Derive as funções que seguem:

1. $f(x) = \dfrac{x^3}{3\sqrt{(1+x^2)^3}}$ **2.** $f(x) = \text{sen}\,(\text{tg}\,7x^3)$ **3.** $f(x) = \dfrac{\text{sen}\,x + \cos x}{\text{sen}\,x - \cos x}$

Resolução

1.

$$f(x) = \frac{x^3}{3\sqrt{(1+x^2)^3}} = \frac{1}{3}x^3(1+x^2)^{-3/2}$$

$$f'(x) = x^2(1+x^2)^{-3/2} + \frac{1}{3}x^3\left(-\frac{3}{2}\right)(1+x^2)^{-5/2}2x$$

$$= \frac{x^2}{\sqrt{(1+x^2)^3}} - \frac{x^4}{\sqrt{(1+x^2)^5}} = \frac{x^2}{\sqrt{(1+x^2)^5}}$$

2.

$$f'(x) = \cos(\text{tg}7x^3) \cdot \sec^2 7x^3 \cdot 21x^2$$

3.

$$f'(x) = \frac{(\cos x - \text{sen}\,x)(\text{sen}\,x - \cos x) - (\text{sen}\,x + \cos x)(\cos x + \text{sen}\,x)}{(\text{sen}\,x - \cos x)^2}$$

$$= -\frac{2(\cos^2 x + \text{sen}^2 x)}{(\text{sen}\,x - \cos x)^2} = -\frac{2}{(\text{sen}\,x - \cos x)^2}$$

2.6 Derivação Implícita

Suponha que a equação $F(x, y) = 0$ defina y implicitamente como uma função derivável de x, ou seja, existe $y = f(x)$ derivável tal que $F(x, f(x)) = 0$. Para calcular y', derive a equação dada em relação a x, usando a regra da cadeia, e explicite y' na equação resultante.

Exemplo

Determine $y'(x)$.

1. $xy = 8y^2 + x$ **2.** $\dfrac{x}{y} - \dfrac{y}{x} = 6$

Resolução

1.

$$y + xy' = 16yy' + 1 \;\Rightarrow\; y'(x - 16y) = 1 - y \;\Rightarrow\; y' = \frac{1-y}{x-16y}$$

2.

$$\frac{y - xy'}{y^2} - \frac{y'x - y}{x^2} = 0 \;\Rightarrow\; x^2y - x^3y' = y'xy^2 - y^3 \;\Rightarrow\; y' = \frac{x^2y + y^3}{xy^2 + x^3}$$

2.7 Taxas Relacionadas

1. Uma lâmpada está instalada numa parede vertical, a 3,8 m de um piso horizontal. Um homem, com 1,80 m de altura, caminha aproximando-se da lâmpada com velocidade constante de 2 m/s em relação ao chão. Calcule a velocidade com que o topo da sombra do homem se move em relação ao piso, no instante em que o homem estiver a 2 m da parede vertical.

2. Um automóvel aproxima-se de um cruzamento a uma velocidade de 30 km/h. Quando o automóvel está a 100 m desse cruzamento, um caminhão o atravessa a uma velocidade de 70 km/h, percorrendo a rua transversal. Determine a velocidade de afastamento entre o automóvel e o caminhão, 2 s após o caminhão ter passado pelo cruzamento, supondo que as velocidades de ambos são mantidas.

3. Uma escada com 3 m de comprimento está apoiada sobre uma parede vertical, a 2 m do solo. O pé da escada escorrega a uma velocidade constante de 0,5 m/s. Determine: (a) a taxa de variação da posição do topo da escada em relação à parede e (b) a taxa de variação da medida do ângulo agudo formado pelo topo da escada e a parede, quando o pé da escada estiver a 2 m da parede.

Resolução

1. Seja x a posição da ponta da sombra do homem e y a posição do homem, ambas em relação à parede. Da figura a seguir,

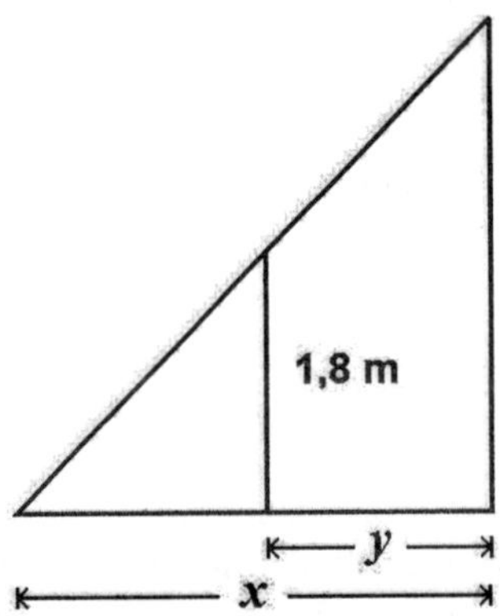

$$\frac{3,8}{x} = \frac{1,8}{x-y} \Longrightarrow x = 1,9\,y \Longrightarrow \frac{dx}{dt} = 1,9\,\frac{dy}{dt}.$$

Daí,

$$\left.\frac{dx}{dt}\right|_{y=2m} = 1,9 * 2 = 3,8 m/s.$$

2. Sejam x a posição do automóvel e y a posição do caminhão num referencial fixo no cruzamento. Tome $t = 0$ como sendo o instante em que o caminhão atravessa o cruzamento. As velocidades dos veículos são:

Velocidade do automóvel: v_a = 30 km/h = 8,33 m/s

Velocidade do caminhão: v_c = 70 km/h = 19,44 m/s

Seja r a distância entre os dois veículos (veja a figura que segue).

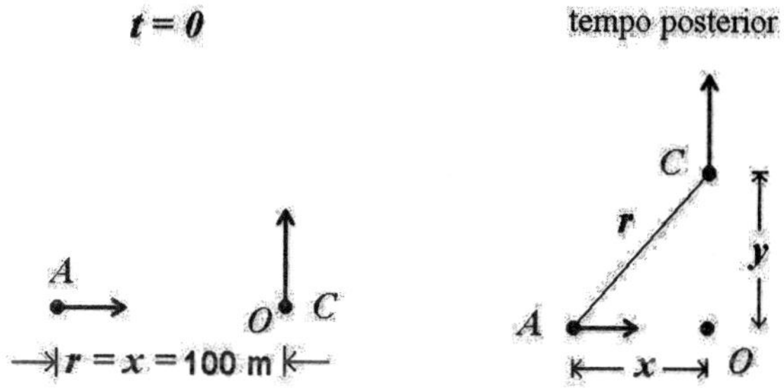

As posições x do automóvel (A) e y do caminhão (C) em qualquer instante $t \geq 0$ são dadas por

$$x(t) = 100 - 8,33\,t \ \text{ e } \ y(t) = 19,44\,t$$

e a distância r entre os dois vale $r = \sqrt{x^2 + y^2}$. Derivando esta equação em relação a t, encontramos

$$\frac{dr}{dt} = \frac{d}{dt}\sqrt{x^2+y^2} = \frac{1}{2}(x^2+y^2)^{-1/2}\frac{d}{dt}(x^2+y^2)$$

$$= \frac{1}{2\sqrt{x^2+y^2}}\left(2\,x\frac{dx}{dt} + 2\,y\frac{dy}{dt}\right) = \frac{8,33\,x + 19,44\,y}{\sqrt{x^2+y^2}}.$$

Quando $t = 2$ s,

$$x(2) = 100 - 8,33 \times 2 = 83,34\,\text{m} \quad \text{e} \quad y(2) = 19,44 \times 2 = 38,88\,\text{m}.$$

Logo,

$$\left.\frac{dr}{dt}\right|_{t=2\,\text{s}} = \frac{8,33 \times 83,34 + 19,44 \times 38,88}{\sqrt{(83,34)^2 + (38,88)^2}} = 15,77\,\text{m/s}.$$

3. Sejam x a distância do pé da escada à parede e y a distância do topo ao solo.

(a) Queremos determinar $\frac{dy}{dt}$ quando x=2 cm, sabendo que $\frac{dx}{dt}$ = 0,5 m/s. Para todo o tempo t,

$$x^2 + y^2 = 9 \Longrightarrow 2x\frac{dx}{dt} + 2y\frac{dy}{dt} = 0 \Longrightarrow \frac{dy}{dt} = -\frac{x}{y}\frac{dx}{dt} = -\frac{x}{\sqrt{9-x^2}}\frac{dx}{dt} = -\frac{0,5x}{\sqrt{9-x^2}}.$$

Logo,

$$\left.\frac{dy}{dt}\right|_{x=2m} = -\frac{0,5*2}{\sqrt{9-4}} = -\frac{1}{\sqrt{5}} = -0,45m/s.$$

(b) Note que na figura a seguir $\text{tg}\theta = \frac{x}{y}$.
Portanto,

$$\frac{d}{dt}\,\text{tg}\,\theta = \frac{d}{dt}\frac{x}{y} \Rightarrow \sec^2\theta \times \frac{d\theta}{dt} = \frac{y\,\frac{dx}{dt} - x\,\frac{dy}{dt}}{y^2}.$$

Daí,

$$\frac{d\theta}{dt} = \cos^2\theta \times \frac{1}{y^2} \times \left(y\frac{dx}{dt} - x\frac{dy}{dt}\right) = \frac{y^2}{9} \times \frac{1}{y^2} \times (y\frac{dx}{dt} - x\frac{dy}{dt})$$

$$= \frac{1}{9}\left(y\frac{dx}{dt} - x\frac{dy}{dt}\right) = \frac{1}{9}\left(\sqrt{9-x^2}\frac{dx}{dt} - x\frac{dy}{dt}\right).$$

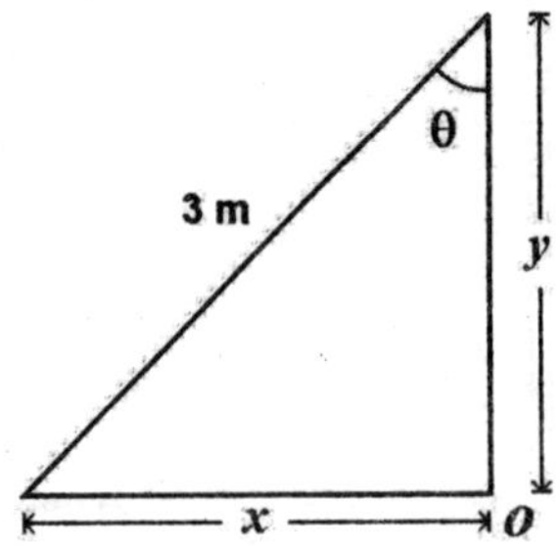

Finalmente,

$$\left.\frac{d\theta}{dt}\right|_{x=2\,\mathrm{m}} = \frac{1}{9}\left[\sqrt{5}\times 0,5 - 2\times(-0,45)\right] = 0,22\,\mathrm{rad/s}.$$

2.8 Construção de Gráficos

Testes das Derivadas

Seja f uma função contínua e derivável em um intervalo aberto I. Se $f'(x) \geq 0, \forall x \in I$, então f é crescente em I e, se $f'(x) \leq 0, \forall x \in I$, então f é decrescente em I. Se x_0 é um ponto de máximo ou de mínimo local de f em I, então $f'(x_0) = 0$. Suponha que $f''(x)$ exista em I. Se $f''(x) > 0, \forall x \in I$, então o gráfico de f tem concavidade para cima; se $f''(x) < 0, \forall x \in I$, então o gráfico de f tem concavidade para baixo. No ponto em que ocorre troca de sinal de f'', temos um ponto de troca de concavidade no gráfico de f, chamado ponto de inflexão.

Teste da primeira derivada

Seja x_0 tal que $f'(x_0) = 0$ e V uma vizinhança de x_0 contida em I. Temos que:

(i) se o sinal de $f'(x)$ é negativo à esquerda de x_0 e positivo à sua direita, x_0 é um ponto de mínimo local.

(ii) se o sinal de $f'(x)$ é positivo à esquerda de x_0 e negativo à sua direita, x_0 é um ponto de máximo local.

Teste da segunda derivada

Se f'' é contínua em I e se $f'(x_0) = 0$, temos que:

(i) se $f''(x_0) > 0$, x_0 é um ponto de mínimo local;

(i) se $f''(x_0) < 0$, x_0 é um ponto de máximo local.

Esboce os gráficos das funções que seguem, indicando os intervalos de crescimento e decrescimento, os extremos relativos, onde o gráfico é côncavo para cima e onde é côncavo para baixo, os pontos de inflexão, as assíntotas horizontais e verticais.

No SymPy utilize o comando plot() para visualizar o gráfico das funções.

Exemplo

Construa os gráficos das funções:

1. $f(x) = \dfrac{x^2+9}{x}$ **2.** $f(x) = (x+1)^{2/3}(x-3)^2$ **3.** $f(x) = x^3 + 3x^2 - 4$

Resolução

1. $f(x) = \dfrac{x^2+9}{x} \to f'(x) = \dfrac{x^2-9}{x^2} \to f''(x) = \dfrac{18}{x^3}$

Estudo do sinal de $f'(x)$

x^2-9	+		−		−		+
x^2	+		+		+		+
$f'(x)$	+		−		−		+
$f(x)$	↗	−3	↘	0	↘	+3	↗

Estudo do sinal de $f''(x)$

x^3	−		+
$f''(x)$	−		+
$f(x)$	⌢	0	⌣

Assíntotas horizontais:

$$\lim_{x\to-\infty} \frac{x^2+9}{x} = \lim_{x\to-\infty}\left(x+\frac{9}{x}\right) = -\infty \quad \text{e} \quad \lim_{x\to+\infty} \frac{x^2+9}{x} = \lim_{x\to+\infty}\left(x+\frac{9}{x}\right) = +\infty$$

Os limites são infinitos e, portanto, não há assíntotas horizontais.

Assíntotas verticais:

$$\lim_{x\to0^-} \frac{x^2+9}{x} = \frac{9}{0^-} = -\infty \quad \text{e} \quad \lim_{x\to0^+} \frac{x^2+9}{x} = \frac{9}{0^+} = +\infty.$$

$x = 0$ é assíntota vertical.

	$f(x)$	$f'(x)$	$f''(x)$	Conclusão
$x < -3$		+	−	f é crescente; concavidade p/ baixo
$x = -3$	−6	0	−	x=−3 é ponto de máximo relativo
$-3 < x < 0$		−	−	f é decrescente; concavidade p/ baixo
$x = 0$	$\nexists$	$\nexists$	$\nexists$	
$0 < x < 3$		−	+	f é decrescente; concavidade p/ cima
$x = 3$	6	0	+	x=3 é ponto de mínimo relativo
$x > 3$		+	+	f é crescente; concavidade p/ cima

Com SymPy

```
>>> from sympy import *
>>> x,y=symbols('x y')
>>> y=(x**2+9)/x
>>> plot(y,(x,-5,5),xlim=[-5,5],ylim=[-50,50])
```

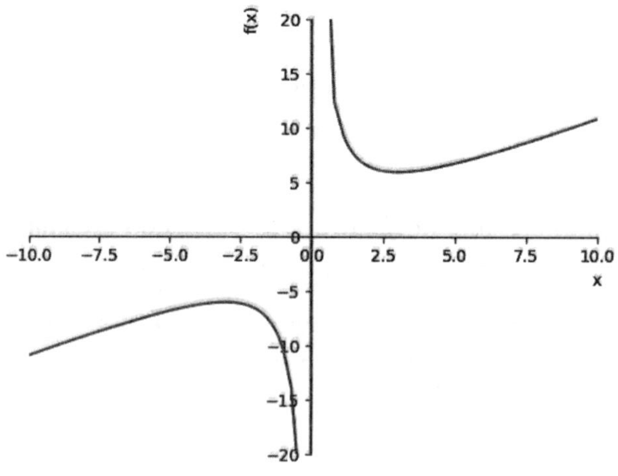

Figura 2.3

2. $f(x) = (x+1)^{\frac{2}{3}}(x-3)^2 \to f'(x) = \dfrac{8x(x-3)}{3(x+1)^{\frac{1}{3}}} \to f''(x) = \dfrac{8(5x^2-9)}{9(x+1)^{\frac{4}{3}}}$

Estudo do sinal de $f'(x)$

x	$-$		$-$		$+$		$+$
$x-3$	$-$		$-$		$-$		$+$
$(x+1)^{1/3}$	$-$		$+$		$+$		$+$
$f'(x)$	$-$		$+$		$-$		$+$
$f(x)$	$\searrow$	-1	$\nearrow$	0	$\searrow$	3	$\nearrow$

Estudo do sinal de $f''(x)$

$5x^2-9$	$+$		$-$		$-$		$+$
$(x+1)^{4/3}$	$+$		$+$		$+$		$+$
$f''(x)$	$+$		$-$		$-$		$+$
$f(x)$	$\smile$	$-\frac{3}{\sqrt{5}}$	$\frown$	-1	$\frown$	$\frac{3}{\sqrt{5}}$	$\smile$

Não há assíntotas horizontais nem verticais.

Com SymPy

```
>>> from sympy import *
>>> x,y1,y2=symbols('x y1 y2')
>>> y1=(x+1)**2
>>> y2=y1**(1/3)
>>> y2=y2*(x-3)**2
>>> plot(y2,(x,-5,5),xlim=[-5,5])
```

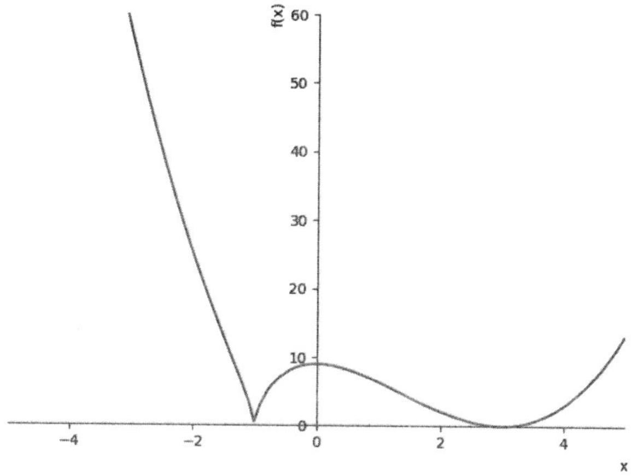

Figura 2.4

3. $f(x) = x^3 + 3x^2 - 4 \to f'(x) = 3x^2 + 6x \to f''(x) = 6x + 6$

Estudo do sinal de $f'(x)$

$3x$	$-$		$-$		$+$
$x+2$	$-$		$+$		$+$
$f'(x)$	$+$		$-$		$+$
$f(x)$	$\nearrow$	-2	$\searrow$	0	$\nearrow$

Estudo do sinal de $f''(x)$

$f''(x) > 0$ para $x > -1$ (concavidade para cima)
$f''(x) < 0$ para $x < -1$ (concavidade para baixo)

Como a função é polinomial, não há assíntotas.

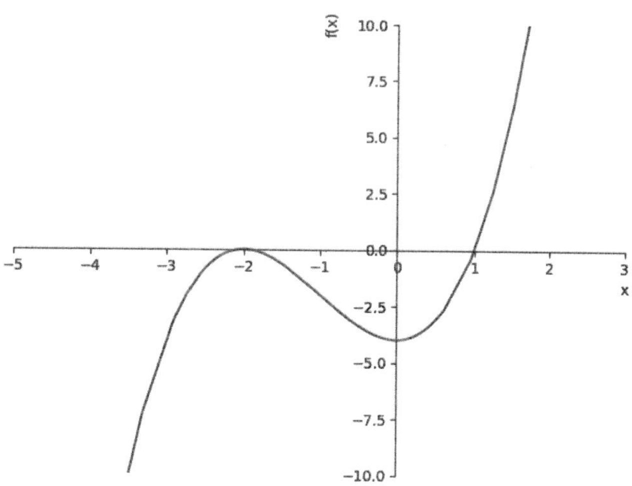

Figura 2.5

Com SymPy

```
>>> from sympy import *
>>> x=symbols('x')
>>> plot(x**3+3*x**2-4,(x,-4,4))
```

2.9 Problemas de Otimização

1. Um fabricante vende x unidades de um determinado produto por semana. O preço de cada unidade do produto é P reais e é válida a relação $3x+2P = 500$, entre o número de unidades vendidas e o preço de venda do produto. O custo C da produção, em reais, de x unidades é dado por $C = 600+20\,x+x^2$. Calcule o número de unidades desse produto que o fabricante deve vender por semana para que seu lucro seja o maior possível.

2. Suponha que a resistência de uma viga de seção reta retangular varia numa razão diretamente proporcional a sua largura e ao quadrado de sua profundidade. Determine as dimensões da viga a ser serrada de um tronco de árvore de diâmetro d que tenha a resistência máxima.

3. Deseja-se construir uma pista de atletismo com comprimento total de 500 metros. A pista consistirá de dois segmentos de reta e dois semi-círculos. Determine as dimensões dessa pista para que a área interna seja máxima.

4. Determine as dimensões do cone circular reto de volume mínimo que pode ser circunscrito numa esfera de 10 cm de raio.

5. Um homem se localiza num ponto A numa ilha, a 6 km do ponto B mais próximo numa praia reta. Um armazém está num ponto C, a 7 km de B na praia. Se o homem pode remar à razão de 4 km/h e caminhar à razão de 5 km/h, onde ele deveria desembarcar para ir de A até C no menor tempo possível?

Resolução

1. Sendo $C = 600 + 20\,x + x^2$ o custo de produção e $P = 250 - (3/2)\,x$ o preço do produto, definimos a "função lucro" L por

$$L(x) = Px - C = 250x - \frac{3}{2}x^2 - 600 - 20x - x^2 \text{ ou } L(x) = -\frac{5}{2}x^2 + 230x - 600$$

Derivando $L(x)$, encontramos

$$L'(x) = -5x + 230.$$

O único ponto crítico de L ocorre em $x = 46$. Como $L''(46) = -5 < 0$, $x = 46$ corresponde a um máximo de L. Logo, o lucro máximo é obtido quando a produção é de 56 caixas por semana.

2. Se x é a profundidade e y é a largura da viga, a resistência R é dada por $R = kx^2y$, onde $k > 0$ é uma constante de proporcionalidade. Da figura a seguir

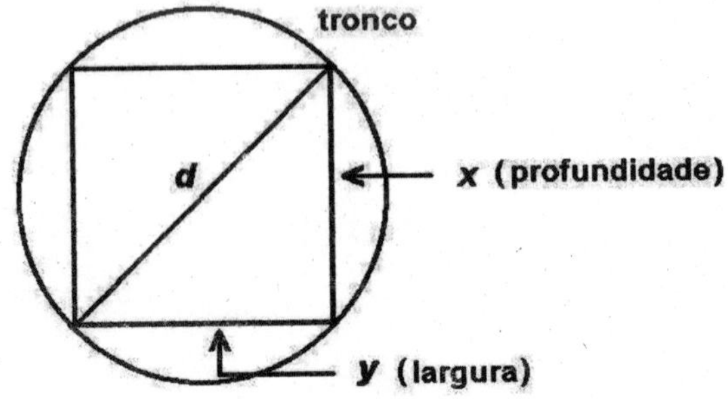

tem-se $x^2 + y^2 = d^2$, ou seja, $x^2 = d^2 - y^2$. Definimos a função resistência da viga por

$$R(y) = k(d^2 - y^2)y = kd^2y - ky^3.$$

Derivando $R(y)$, obtemos $R'(y) = kd^2 - 3ky^2$. Daí temos que

$$R'(y) = 0 \Rightarrow kd^2 - 3ky^2 = 0 \Rightarrow y^2 = \frac{kd^2}{3k} = \frac{d^2}{3} \Rightarrow y = \frac{\sqrt{3}}{3}d.$$

Este valor de y corresponde ao único ponto crítico da função R.

Note que

$$R''(y) = -6ky \Rightarrow R''(\frac{\sqrt{3}}{3}d) = -6k\frac{\sqrt{3}}{3} < 0.$$

Portanto $y = \frac{\sqrt{3}}{3}d$ corresponde a um máximo da função R. As dimensões são: $y = \frac{\sqrt{3}}{3}d$ e $x = \sqrt{d^2 - y^2} = \frac{\sqrt{6}}{3}d$.

3. O perímetro da pista mostrada a seguir é $C = 2\pi r + 2x = 500$.

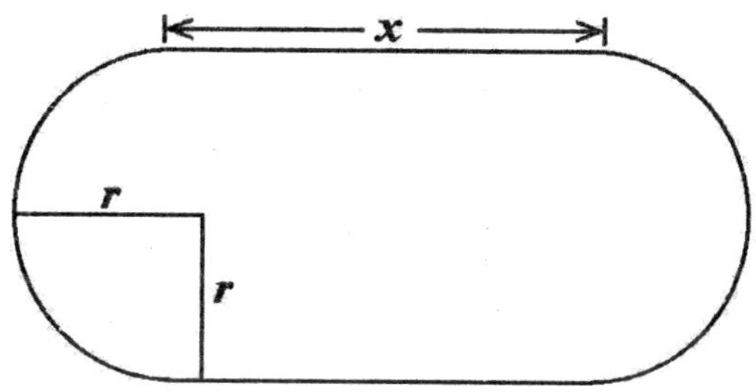

Desta relação, temos que $x = 250 - \pi r$. A área a ser maximizada é dada por

$$A = \pi r^2 + 2rx = \pi r^2 + 2r(250 - \pi r) = \pi r^2 + 500r - 2\pi r^2 = 500r - \pi r^2.$$

Derivando A em relação a r e igualando a zero, vem que

$$\frac{dA}{dr} = 500 - 2\pi r = 0 \Rightarrow r = \frac{250}{\pi}.$$

Pelo teste da derivada segunda, este valor de r maximiza A, pois $\frac{d^2A}{dr^2} = -2\pi < 0$.

O valor correspondente de x é $x = 250 - \pi\, r = 250 - \pi\,(250/\pi) = 0$. A pista de área máxima é uma circunferência de raio $250/\pi$ m.

4. Sejam x o raio da base do cone e $y + 10$ sua altura, mostrado na figura a seguir.

Da semelhança dos triângulos ABC e AED, vem (veja a figura)

$$\frac{x}{10} = \frac{y+10}{\sqrt{y^2 - 100}} \Rightarrow x^2 = \frac{100(y+10)^2}{y^2 - 100} = \frac{100(y+10)}{y - 10}.$$

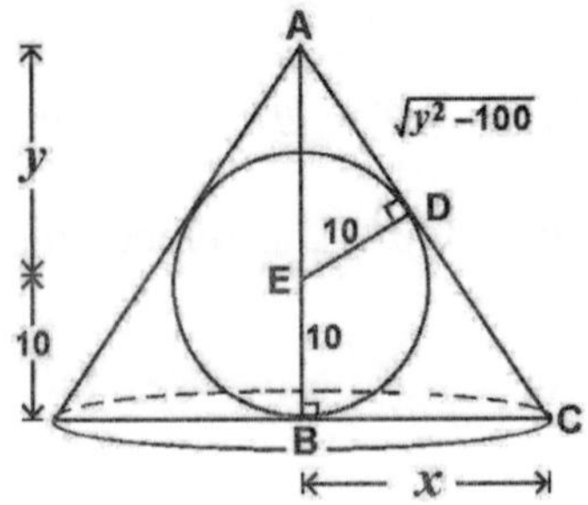

O volume V do cone é dado por

$$V = \frac{(\pi x^2)(y+10)}{3} = 100\frac{\pi\,(y+10)^2}{3(y-10)}.$$

Daí,

$$\frac{dV}{dy} = \frac{100}{3}\frac{\pi(y+10)(y-30)}{(y-10)^2}.$$

O valor crítico é $y = 30$, e corresponde a um mínimo de V. Portanto, as dimensões são: altura do cone $= y + 10 = 40$ cm e raio da base $= x = 200$ cm.

5. Seja P o ponto na praia onde o homem deveria desembarcar (figura que segue). Portanto, o homem rema de A a P e caminha de P a C. Seja x a distância (em quilômetros) de B a P O tempo t gasto para ir de A a C é dado por

$$t = \frac{|\overline{AP}|}{4} + \frac{|\overline{PC}|}{5}.$$

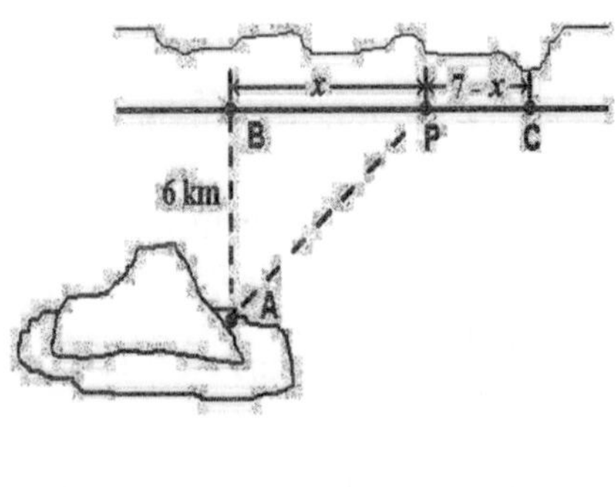

Da figura, $|\overline{AP}| = \sqrt{x^2+36}$ e $|\overline{PC}| = 7 - x$. Assim,

$$t(x) = \frac{\sqrt{x^2+36}}{4} + \frac{7-x}{5}.$$

Como a distância de B a C é 7 km e como P pode ser qualquer ponto sobre $\overline{BC}$, sabemos que $x \in [0,7]$. Derivando $t(x)$ e igualando a zero, obtemos

$$t'(x) = \frac{x}{4\sqrt{x^2+36}} - \frac{1}{5} = 0 \Rightarrow 5x = 4\sqrt{x^2+36} \Rightarrow x = \pm 8.$$

Os números -8 e 8 não estão no intervalo [0,7] e por isso não correspondem a pontos de máximo ou mínimo. Os extremos absolutos ocorrem então no extremo do intervalo. Temos que

$$t(0) = \frac{29}{10} \text{ e } t(7) = \frac{\sqrt{85}}{4}.$$

Como $\frac{\sqrt{85}}{4} < \frac{29}{10}$, o valor mínimo absoluto de t ocorre em $x = 7$, o que indica que o homem deve remar diretamente de A até C.

2.10 A Regra de L'Hôpital

Se em $x = a$ as funções $f(x)$ e $g(x)$ possuem limite zero ou infinito, então

$$\lim_{x \to a} \frac{f(x)}{g(x)}$$

assume a forma indeterminada $0/0$ ou ∞/∞, e

$$\lim_{x \to a} \frac{f(x)}{g(x)} = \lim_{x \to a} \frac{f'(x)}{g'(x)},$$

desde que esse limite exista. O mesmo se aplica a limites no infinito.

Exemplos

Calcule:

Forma indeterminada do tipo 0/0

1. $\lim\limits_{x \to 0} \dfrac{3^x - 10^x}{\operatorname{sen} x}$ **2.** $\lim\limits_{x \to 0} \dfrac{e^x - \cos x + \ln(1-x)}{x \operatorname{tg} x}$

Forma indeterminada do tipo ∞/∞

3. $\lim\limits_{x \to +\infty} \dfrac{1 - x \operatorname{arctg}\left(1 - \frac{1}{x}\right)}{x}$ **4.** $\lim\limits_{x \to +\infty} \dfrac{(\ln x)^3}{x^2}$

Forma indeterminada do tipo $0 \cdot \infty$

5. $\lim\limits_{x \to 0} \operatorname{arctg} x \sec\left(\dfrac{\pi}{2} - x\right)$ **6.** $\lim\limits_{x \to 0^+} \sqrt{x} \ln x$

Forma indeterminada do tipo $\infty - \infty$

7. $\lim\limits_{x\to 0}\left(\dfrac{1}{e^x-1}-\dfrac{1}{\operatorname{sen} x}\right)$

8. $\lim\limits_{x\to 0}(\operatorname{cotg} x - \operatorname{cosec} x)$

Forma indeterminada do tipo 0^0

9. $\lim\limits_{x\to 0^+} x^{\operatorname{sen} x}$

Forma indeterminada do tipo ∞^0

10. $\lim\limits_{x\to(\pi/2)^-} (\operatorname{tg} x)^{\cos x}$

Forma indeterminada do tipo 1^∞

11. $\lim\limits_{x\to 1} x^{1/(1-x)}$

12. $\lim\limits_{x\to+\infty}\left(1+\dfrac{a}{x}\right)^x,\ (a\neq 0)$

Resolução

1.

$$\lim_{x\to 0}\frac{3^x-10^x}{\operatorname{sen} x}=\lim_{x\to 0}\frac{3^x\ln 3-10^x\ln 10}{\cos x}=\ln 3-\ln 10=\ln\frac{3}{10}$$

Com SymPy

```
>>> from sympy import *
>>> x,y= symbols('x y')
>>> y=(3**x-10**x)/sin(x)
>>> simplify(limit(y,x,0))
-log(10) + log(3)
```

2.

$$\lim_{x\to 0}\frac{e^x-\cos x+\ln(1-x)}{x\operatorname{tg} x}=\lim_{x\to 0}\frac{e^x+\operatorname{sen} x+\frac{-1}{1-x}}{\operatorname{tg} x+x\sec^2 x}$$

$$=\lim_{x\to 0}\frac{e^x+\cos x+\frac{-1}{(1-x)^2}}{\sec^2 x+\sec^2 x+2x\sec^2 x\ \operatorname{tg} x}=\frac{1+1-1}{1+1+0}=\frac{1}{2}$$

3.

$$\lim_{x\to+\infty}\frac{1-x\,\mathrm{arctg}\left(1-\frac{1}{x}\right)}{x}=\lim_{x\to+\infty}\left[-\mathrm{arctg}\left(1-\frac{1}{x}\right)-x\times\frac{1/x^2}{1+\left(1-\frac{1}{x}\right)^2}\right]$$

$$=\lim_{x\to+\infty}\left\{-\mathrm{arctg}\left(1-\frac{1}{x}\right)-\frac{1}{x\left[1+\left(1-\frac{1}{x}\right)^2\right]}\right\}=-\mathrm{arctg}(1)=-\frac{\pi}{4}$$

4.

$$\lim_{x\to+\infty}\frac{(\ln x)^3}{x^2}=\lim_{x\to+\infty}\frac{3\,(\ln x)^2\,(1/x)}{2\,x}=\lim_{x\to+\infty}\frac{3\,(\ln x)^2}{2\,x^2}=\lim_{x\to+\infty}\frac{6\,\ln x\,(1/x)}{4\,x}$$

$$=\lim_{x\to+\infty}\frac{6\,\ln x}{4\,x^2}=\lim_{x\to+\infty}\frac{6\,(1/x)}{8\,x}=\lim_{x\to+\infty}\frac{6}{8\,x^2}=\frac{1}{\infty}=0$$

5.

$$\lim_{x\to0}\mathrm{arctg}\,x\;\sec\left(\frac{\pi}{2}-x\right)=\lim_{x\to0}\frac{\mathrm{arctg}\,x}{\cos\left(\frac{\pi}{2}-x\right)}=\lim_{x\to0}\frac{1/(1+x^2)}{\mathrm{sen}\left(\frac{\pi}{2}-x\right)}=1$$

6.

$$\lim_{x\to0^+}\sqrt{x}\,\ln x=\lim_{x\to0^+}\frac{\ln x}{1/\sqrt{x}}=\lim_{x\to0^+}\frac{1/x}{-1/(2\,x^{3/2})}=\lim_{x\to0^+}(-2\sqrt{x})=0$$

7.

$$\lim_{x\to0}\left(\frac{1}{e^x-1}-\frac{1}{\mathrm{sen}\,x}\right)=\lim_{x\to0}\frac{\mathrm{sen}\,x-e^x+1}{\mathrm{sen}\,x\,(e^x-1)}=\lim_{x\to0}\frac{\cos\,x-e^x}{\cos\,x\,(e^x-1)+e^x\,\mathrm{sen}\,x}$$

$$=\lim_{x\to0}\frac{-\,\mathrm{sen}\,x-e^x}{-\,\mathrm{sen}\,x\,(e^x-1)+e^x\,\cos\,x+e^x\,\mathrm{sen}\,x+e^x\,\cos\,x}=\frac{0-1}{0+1+0+1}=-\frac{1}{2}$$

8.

$$\lim_{x\to0}(\mathrm{cotg}\,x-\mathrm{cosec}\,x)=\lim_{x\to0}\left(\frac{\cos\,x}{\mathrm{sen}\,x}-\frac{1}{\mathrm{sen}\,x}\right)=\lim_{x\to0}\frac{\cos\,x-1}{\mathrm{sen}\,x}=\lim_{x\to0}\frac{-\,\mathrm{sen}\,x}{\cos\,x}=0$$

9. Seja $y=x^{\,\mathrm{sen}\,x}$. Então,

$$\ln y=\ln x^{\,\mathrm{sen}\,x}=\mathrm{sen}\,x\;\ln x=\frac{\ln x}{\mathrm{cosec}\,x}.$$

Logo,

$$\lim_{x\to0^+}\ln y=\lim_{x\to0^+}\frac{\ln x}{\mathrm{cosec}\,x}=\lim_{x\to0^+}\frac{1/x}{-\mathrm{cosec}\,x\;\mathrm{cotg}\,x}=\lim_{x\to0^+}\frac{-\,\mathrm{sen}^2\,x}{x\,\cos\,x}$$

$$=\lim_{x\to0^+}\frac{-2\,\mathrm{sen}\,x\;\cos\,x}{\cos\,x-x\,\mathrm{sen}\,x}=\frac{0}{1-0}=0.$$

Segue então que

$$\lim_{x\to 0^+} y = \lim_{x\to 0^+} \exp(\ln y) = \exp\left(\lim_{x\to 0^+} \ln y\right) = \exp(0) = 1.$$

10. Seja $y = (\operatorname{tg} x)^{\cos x}$. Então,

$$\ln y = \cos x \, \ln(\operatorname{tg} x) = \frac{\ln(\operatorname{tg} x)}{\sec x} \quad \text{(forma indeterminada do tipo } \infty/\infty).$$

Logo,

$$\lim_{x\to(\pi/2)^-} \ln y = \lim_{x\to(\pi/2)^-} \frac{\ln(\operatorname{tg} x)}{\sec x} = \lim_{x\to(\pi/2)^-} \frac{\sec^2 x/\operatorname{tg} x}{\sec x \, \operatorname{tg} x} = \lim_{x\to(\pi/2)^-} \frac{\sec x}{\operatorname{tg}^2 x}$$

$$= \lim_{x\to(\pi/2)^-} \frac{\sec x \, \operatorname{tg} x}{2 \operatorname{tg} x \, \sec^2 x} = \lim_{x\to(\pi/2)^-} \frac{1}{2\sec x} = \frac{1}{\infty} = 0.$$

Segue daí que

$$\lim_{x\to(\pi/2)^-} y = \lim_{x\to(\pi/2)^-} \exp(\ln y) = \exp\left(\lim_{x\to(\pi/2)^-} \ln y\right) = \exp(0) = 1.$$

11. Seja $y = x^{1/(1-x)}$. Então,

$$\ln y = \ln x^{1/(1-x)} = \frac{1}{1-x} \ln x \quad \text{(forma indeterminada do tipo } 0/0).$$

Logo,

$$\lim_{x\to 1} \ln y = \lim_{x\to 1} \frac{\ln x}{1-x} = \lim_{x\to 1} \frac{1/x}{-1} = -1.$$

Daí,

$$\lim_{x\to 1} y = \lim_{x\to 1} \exp(\ln y) = \exp\left(\lim_{x\to 1} \ln y\right) = \exp(-1) = \frac{1}{e}.$$

12. Seja

$$y = \left(1 + \frac{a}{x}\right)^x.$$

Então,

$$\ln y = \ln\left(1 + \frac{a}{x}\right)^x = x \, \ln\left(1 + \frac{a}{x}\right) = \frac{\ln\left(1 + \frac{a}{x}\right)}{1/x} \quad \text{(forma indeterminada do tipo } 0/0).$$

Logo,

$$\lim_{x\to+\infty} \ln y = \lim_{x\to+\infty} \frac{\ln\left(1 + \frac{a}{x}\right)}{1/x} = \lim_{x\to+\infty} \frac{(-a/x^2)/(1+a/x)}{-1/x^2} = \lim_{x\to+\infty} \frac{a}{1+a/x} = \frac{a}{1+0} = a.$$

Daí,

$$\lim_{x\to+\infty} y = \lim_{x\to+\infty} \exp(\ln y) = \exp\left(\lim_{x\to+\infty} \ln y\right) = \exp(a) = e^a.$$

Determinação das constantes:

$$\begin{array}{lll} x=2 \;\Rightarrow\; 5A=1 & & \\ x=0 \;\Rightarrow\; A-2,C=1 & \Rightarrow & \\ x=1 \;\Rightarrow\; 2A-B-C=1 & & \end{array} \left\{\begin{array}{l} A=1/5 \\ B=-1/5 \\ C=-2/5 \end{array}\right.$$

Logo,

$$\frac{1}{x^3-2x^2+x-2}=\frac{1/5}{x-2}+\frac{(-1/5)\,x}{x^2+1}+\frac{-2/5}{x^2+1}.$$

Daí,

$$\int\frac{dx}{x^3-2x^2+x-2}=\frac{1}{5}\int\frac{dx}{x-2}-\frac{1}{10}\int\frac{2\,x}{x^2+1}\,dx-\frac{2}{5}\int\frac{dx}{x^2+1}$$

$$=\;\frac{1}{5}\ln|x-2|-\frac{1}{10}\ln|x^2+1|-\frac{2}{5}\operatorname{arctg}x+C'.$$

Caso 4. Fatores quadráticos repetidos: a fatoração de $Q(x)$ envolve fatores lineares e quadráticos irredutíveis e alguns desses fatores quadráticos se repetem.

Se $a\,x^2+b\,x+c$ é um fator irredutível que se repete p vezes, então, correspondendo a esse fator, teremos uma soma de p frações parciais da forma

$$\frac{A_1\,x+B_1}{a\,x^2+b\,x+c}+\frac{A_2\,x+B_2}{(a\,x^2+b\,x+c)^2}+\cdots+\frac{A_p\,x+B_p}{(a\,x^2+b\,x+c)^p},$$

onde $A_1,\,A_2,\,\cdots,\,A_p$ e $B_1,\,B_2,\,\cdots,\,B_p$ são constantes a serem determinadas.

Exemplo

Calcule:

10. $\displaystyle\int\frac{(x^3-1)\,dx}{(x+1)^2(x^2+1)^2}$ **11.** $\displaystyle\int\frac{(x^5-1)\,dx}{x(x^2+1)^2}$

Resolução

10. Decomposição em frações parciais:

$$\frac{x^3-1}{(x+1)^2\,(x^2+1)^2}=\frac{A}{x+1}+\frac{B}{(x+1)^2}+\frac{C\,x+D}{x^2+1}+\frac{E\,x+F}{(x^2+1)^2}$$

$$=\;\frac{A\,(x+1)\,(x^2+1)^2+B\,(x^2+1)^2+(C\,x+D)\,(x+1)^2\,(x^2+1)+(E\,x+F)\,(x+1)^2}{(x+1)^2\,(x^2+1)^2}.$$

Então,

$$\begin{aligned}
&A\,(x+1)\,(x^2+1)^2 + B\,(x^2+1)^2 + (C\,x+D)\,(x+1)^2\,(x^2+1) + (E\,x+F)\,(x+1)^2 \\
&= (A+C)\,x^5 + (A+B+2\,C+D)\,x^4 + \\
&\quad +(2\,A+2\,C+2\,D+E)\,x^3 + (2\,A+2\,B+2\,C+2\,D+2\,E+F)\,x^2 \\
&= +(A+C+2\,D+E+2\,F)\,x + A+B+D+F = x^3-1.
\end{aligned}$$

Determinação das constantes:

$$\begin{array}{l}
A+C=0 \\
A+B+2\,C+D=0 \\
2\,A+2\,C+2\,D+E=1 \\
2\,A+2\,B+2\,C+2\,D+2\,E+F=0 \\
A+C+2\,D+E+2\,F=0 \\
A+B+D+F=-1
\end{array}
\Rightarrow
\left\{\begin{array}{l}
A=-1/4 \\
B=-1/2 \\
C=1/4 \\
D=1/4 \\
E=1/2 \\
F=-1/2
\end{array}\right.$$

Logo,

$$\frac{x^3-1}{(x+1)^2\,(x^2+1)^2} = \frac{-1/4}{x+1} + \frac{-1/2}{(x+1)^2} + \frac{(1/4)\,x+1/4}{x^2+1} + \frac{(1/2)\,x-1/2}{(x^2+1)^2}.$$

Daí,

$$\begin{aligned}
&\int \frac{(x^3-1)\,dx}{(x+1)^2\,(x^2+1)^2} \\
&-\frac{1}{4}\int\frac{dx}{x+1} - \frac{1}{2}\int\frac{dx}{(x+1)^2} + \frac{1}{4}\int\frac{x\,dx}{x^2+1} + \frac{1}{4}\int\frac{dx}{x^2+1} \\
&+\frac{1}{2}\int\frac{x\,dx}{(x^2+1)^2} - \frac{1}{2}\int\frac{dx}{(x^2+1)^2} \\
= &-\frac{1}{4}\ln|x+1| + \frac{1}{2}\frac{1}{x+1} + \frac{1}{8}\ln|x^2+1| + \frac{1}{4}\operatorname{arctg} x - \frac{1}{4}\frac{1}{x^2+1} - \frac{1}{2}\int\frac{dx}{(x^2+1)^2}.
\end{aligned}$$

Finalmente,

$$\begin{aligned}
&\int \frac{(x^3-1)\,dx}{(x+1)^2\,(x^2+1)^2} \\
&= -\frac{1}{4}\ln|x+1| + \frac{1}{2}\frac{1}{x+1} + \frac{1}{8}\ln|x^2+1| + \frac{1}{4}\operatorname{arctg} x - \frac{1}{4}\frac{1}{x^2+1} - \frac{1}{4}\operatorname{arctg} x \\
&\quad -\frac{1}{4}\frac{x}{x^2+1} + C' \\
&= -\frac{1}{4}\ln|x+1| + \frac{1}{2}\frac{1}{x+1} + \frac{1}{8}\ln|x^2+1| - \frac{1}{4}\frac{x+1}{x^2+1} + C'.
\end{aligned}$$

11. Temos que

$$\frac{x^5-1}{x(x^2+1)^2}=\frac{x^5-1}{x(x^4+2\,x+1)}=\frac{x^5-1}{x^5+2\,x^3+x}=1-\frac{2\,x^3+x+1}{x^5+2\,x^3+x}.$$

Decomposição em frações parciais:

$$\begin{aligned}\frac{2\,x^3+x+1}{x^5+2\,x^3+x}&=\frac{2\,x^3+x+1}{x(x^2+1)^2}=\frac{A}{x}+\frac{B\,x+C}{x^2+1}+\frac{D\,x+E}{(x^2+1)^2}\\ &=\frac{A\,(x^2+1)^2+(B\,x+C)\,x\,(x^2+1)+(D\,x+E)\,x}{x\,(x^2+1)^2}.\end{aligned}$$

Então,

$$\begin{aligned}&A\,(x^2+1)^2+(B\,x+C)\,x\,(x^2+1)+(D\,x+E)\,x\\ &=(A+B)\,x^4+C\,x^3+(2\,A+B+D)\,x^2+(C+E)\,x+A\\ &=2\,x^3+x+1.\end{aligned}$$

Determinação das constantes:

$$\begin{array}{l} A+B=0\\ C=2\\ 2\,A+B+D=0\\ C+E=1\\ A=1\end{array}\;\Rightarrow\;\left\{\begin{array}{l}A=1\\ B=-1\\ C=2\\ D=-1\\ E=-1\end{array}\right.$$

Logo,

$$\frac{x^5-1}{x(x^2+1)^2}=1-\left[\frac{1}{x}-\frac{x}{x^2+1}+\frac{2}{x^2+1}-\frac{x}{(x^2+1)^2}-\frac{1}{(x^2+1)^2}\right].$$

Daí,

$$\begin{aligned}&\int\frac{x^5-1}{x(x^2+1)^2}\,dx=\int dx-\int\frac{dx}{x}+\int\frac{x\,dx}{x^2+1}-2\int\frac{dx}{x^2+1}+\int\frac{x\,dx}{(x^2+1)^2}+\int\frac{dx}{(x^2+1)^2}\\ &=x-\ln|x|+\frac{1}{2}\ln|x^2+1|-2\,\mathrm{arctg}\,x-\frac{1}{2}\frac{1}{x^2+1}+\frac{1}{2}\mathrm{arctg}\,x+\frac{1}{2}\frac{x}{x^2+1}+C'\\ &=x-\ln|x|+\frac{1}{2}\ln|x^2+1|-\frac{3}{2}\mathrm{arctg}\,x+\frac{1}{2}\frac{x-1}{x^2+1}+C'.\end{aligned}$$

3.10 Exercícios Propostos

Integrais Imediatas

1. Calcule:

(a) $\displaystyle\int \frac{\sqrt{x} - 2\sqrt[3]{x} + 1}{\sqrt[4]{x}}\, dx$ (b) $\displaystyle\int \left(1 - \frac{1}{x^2}\right) \sqrt{x\sqrt{x}}\, dx$ (c) $\displaystyle\int \frac{e^{3x} + 1}{e^x + 1}\, dx$

Integração por Substituição

2. Calcule:

(a) $\displaystyle\int x^2\sqrt{x+1}\, dx$

(b) $\displaystyle\int \frac{\cos x}{\operatorname{sen}^3 x}\, dx$

(c) $\displaystyle\int \frac{\operatorname{sen} x}{(3+\cos x)^2}\, dx$

(d) $\displaystyle\int \frac{\operatorname{sen}\sqrt{x+1}}{\sqrt{x+1}}\, dx$

(e) $\displaystyle\int x^2(8x^3+27)^{2/3}\, dx$

(f) $\displaystyle\int \frac{(x^2+1-2x)^{1/5}}{1-x}\, dx$

(g) $\displaystyle\int \operatorname{tg} x\, dx$

(h) $\displaystyle\int \frac{\operatorname{sen} x}{\sqrt{\cos^3 x}}\, dx$

(i) $\displaystyle\int \frac{dx}{x^2+6x+10}$

Integrais que Envolvem Produtos e Potências de Seno e Cosseno

3. Calcule:

(a) $\displaystyle\int \cos^3 x \operatorname{sen}^5 x\, dx$

(b) $\displaystyle\int \frac{\cos^3 x}{\sqrt{\operatorname{sen} x}}\, dx$

(c) $\displaystyle\int \cos^2 x\, dx$

(d) $\displaystyle\int \cos^4 x\, dx$

(e) $\displaystyle\int \sqrt[3]{\operatorname{sen}^2 2x} \cos^5 2x\, dx$

(f) $\displaystyle\int \operatorname{sen} 3x \operatorname{sen} 4x\, dx$

Integrais que Envolvem Produtos e Potências de Tangente, Cotangente, Secante e Cossecante

4. Calcule:

(a) $\displaystyle\int \operatorname{cotg}^2 x\, dx$

(b) $\displaystyle\int \operatorname{tg}^3 x\, dx$

(c) $\displaystyle\int \operatorname{cotg}^4 x \operatorname{cosec}^4 x\, dx$

(d) $\displaystyle\int (\operatorname{tg} 3x + \operatorname{cotg} 3x)^2\, dx$

(e) $\displaystyle\int \frac{\sec^4 x}{\sqrt{\operatorname{tg} x}}\, dx$

Integração por Partes

5. Calcule:

(a) $\int (\ln x)^3\, dx$

(b) $\int x^2 e^{-x}\, dx$

(c) $\int \frac{\ln x^2}{x^2}\, dx$

(d) $\int x \sec^2 x\, dx$

(e) $\int \operatorname{arctg}\sqrt{x}\, dx$

Substituição Trigonométrica

6. Calcule:

(a) $\int \frac{dx}{(5-x^2)^{3/2}}$

(b) $\int \frac{dx}{x\sqrt{25-x^2}}$

(c) $\int \frac{dx}{x^2\sqrt{x^2-7}}$

(d) $\int \frac{dx}{(x^2+2)^{3/2}}$

(e) $\int \frac{x\, dx}{(x^2+3x+4)^2}$

(f) $\int \frac{\sqrt{16-e^{2x}}}{e^x} dx$

(g) $\int \frac{x^3\, dx}{\sqrt{2x^2+4}}$

(h) $\int x^2\sqrt{x^2-16}\, dx$

(i) $\int \frac{dx}{x^4\sqrt{4x^2-9}}$

(j) $\int \frac{x^3}{\sqrt{4-3x^2}} dx$

(l) $\int x^3\sqrt{x^2-4}\, dx$

(m) $\int \frac{dx}{x\sqrt{x^2+4}}$

(n) $\int x^2\sqrt{4+x^2}\, dx$

(o) $\int \frac{x^3\, dx}{\sqrt{x^4-2x^2-1}}$

Frações Parciais

7. Calcule:

(a) $\int \frac{x\, dx}{x^2+x-6}$

(b) $\int \frac{dx}{(x+1)(x^2+1)}$

(c) $\int \frac{x+1}{x^2(x-1)}\, dx$

(d) $\int \frac{x^2+1}{x^3-4x}\, dx$

(e) $\int \frac{(x^3+2x-1)\, dx}{(x^2+1)(x^4+3x^2+2)}$

(f) $\int \frac{dx}{x^4-1}$

(g) $\int \frac{dx}{x^3-5x^2+8x-4}$

(h) $\int \frac{x^2\, dx}{4x^3-3x-1}$

(i) $\int \frac{(x+7)\, dx}{(x+1)(x^2-4x+3)}$

(j) $\int \frac{e^{5x}\, dx}{(e^{2x}+1)^2}$

(l) $\int \frac{(x^2+1)\, dx}{(x-3)(x^2+4x+3)}$

(m) $\int \frac{x^4+1}{x^4+x^2}\, dx$

CAPÍTULO 4

INTEGRAIS DEFINIDAS

4.1 Definição

Considere f uma função contínua em um intervalo fechado e limitado $[a, b]$. O conjunto de pontos $a = x_0 < x_1 < x_2 < \cdots < x_{i-1} < x_i < x_{i+1} < \cdots < x_n = b$ define uma subdivisão de $[a, b]$ em subintervalos da forma $[x_{i-1}, x_i]$ de comprimento $\Delta x_i = x_i - x_{i-1}$. Escolhe-se um ponto c_i, tal que $x_{i-1} < c_i < x_i$, em cada subintervalo.

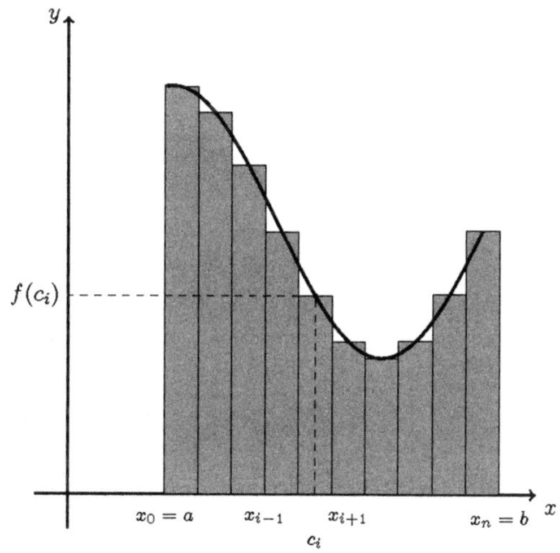

Figura 4.1

O somatório $\sum_{i=1}^{n} f(c_i)\,\Delta x_i = f(c_1)\,\Delta x_1 + f(c_2)\,\Delta x_2 + \cdots + f(c_n)\,\Delta x_n$ é chamado de soma de Riemann da função f. A integral definida de f de a até b é dada por

$$\int_a^b f(x)\,dx = \lim_{n\to\infty} \sum_{i=1}^{n} f(c_i)\,\Delta x_i\,.$$

Note que os comprimentos Δx_i dos subintervalos não precisam ser iguais e que a escolha dos pontos c_i em cada subintervalo é arbitrária; na figura 4.1 foi escolhido o ponto médio em cada subintervalo. É importante observar ainda que pode ser considerado o limite quando $\max_i \Delta x_i$ tende a zero em vez de n tendendo a infinito.

4.2 Interpretação Geométrica

Se f é uma função não negativa em $[a, b]$, a soma de Riemann de f fornece uma aproximação do valor da área da região R do plano limitada pelo gráfico de f e pelo eixo x, com $x \in [a, b]$. Dessa forma, definimos a área de R como

$$\acute{A}rea = \int_a^b f(x)\, dx.$$

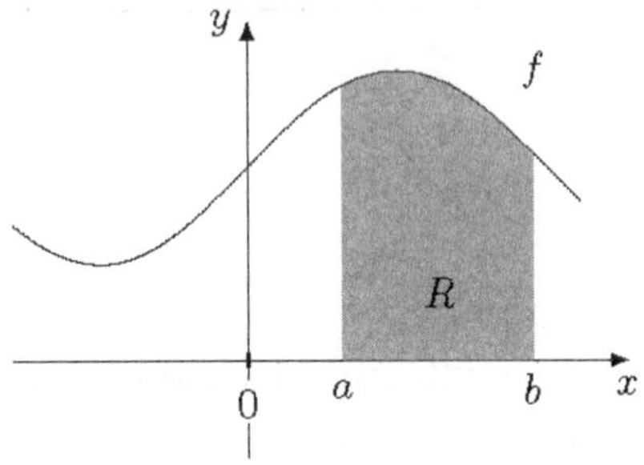

Figura 4.2

No caso de $f(x) \leq 0$ em $[a, b]$,

$$\acute{A}rea = -\int_a^b f(x)\, dx.$$

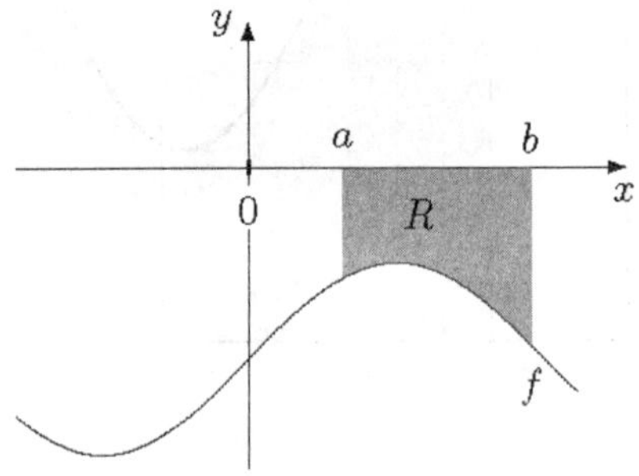

Figura 4.3

4.3 Teorema Fundamental do Cálculo

Sejam f uma função contínua em $[a, b]$ e F uma primitiva de f. Então

$$\int_a^b f(x)\, dx = F(x)\Big|_a^b = F(b) - F(a).$$

Exemplo

Resolva as integrais definidas:

1. $\displaystyle\int_1^3 x\, dx$ **2.** $\displaystyle\int_{-4}^4 x^2\, dx$ **3.** $\displaystyle\int_{-1}^0 \sqrt[3]{x}\, dx$

Resolução

1. $\displaystyle\int_1^3 x\,dx = \frac{x^2}{2}\bigg|_1^3 = \frac{3^2}{2} - \frac{1^2}{2} = 4$, que corresponde à área de R.

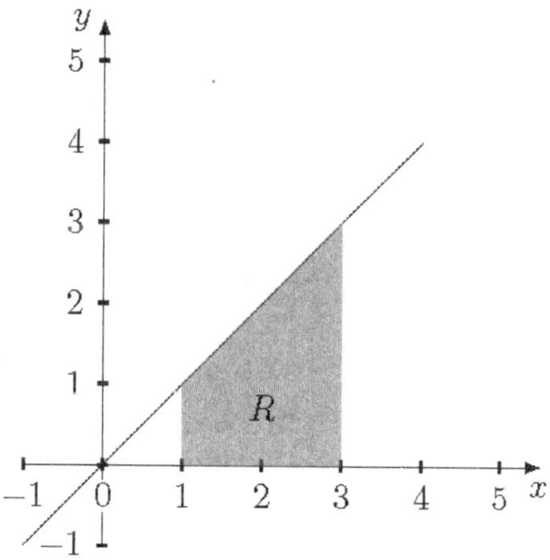

Figura 4.4

2. $\displaystyle\int_{-4}^4 x^2\,dx = \frac{x^3}{3}\bigg|_{-4}^4 = \frac{4^3}{3} - \frac{(-4)^3}{3} = 2\cdot\frac{64}{3} = \frac{128}{3}$, que corresponde à área de R.

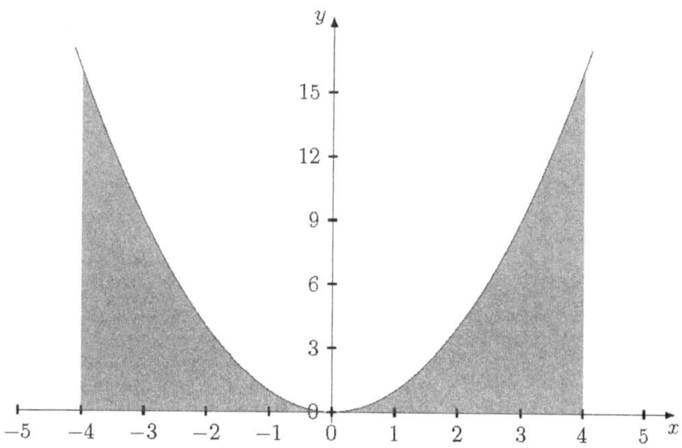

Figura 4.5

3. $\displaystyle\int_{-1}^0 \sqrt[3]{x}\,dx = \frac{3}{4}x^{4/3}\bigg|_{-1}^0 = \frac{3}{4}[0-(-1)^{4/3}] = -\frac{3}{4}$, que fornece área de R $= \dfrac{3}{4}$ u.a.[1]

4.4 Propriedades

Sejam f e g funções contínuas em $[a,b]$ e $k \in \mathbb{R}^*$. Então:

[1]unidade de área

(i) $\int_a^b [f(x) + g(x)]\, dx = \int_a^b f(x)\, dx + \int_a^b g(x)\, dx$

(ii) $\int_a^b kf(x)\, dx = k \int_a^b f(x)\, dx$

(iii) Se $c \in [a, b]$, então $\int_a^b f(x)\, dx = \int_a^c f(x)\, dx + \int_c^b f(x)\, dx$

(iv) Se $f(x) \geq g(x)$ em $[a, b]$, então $\int_a^b f(x)\, dx \geq \int_a^b g(x)\, dx$

(v) $\int_a^a f(x)\, dx = 0$

(vi) $\int_b^a f(x)\, dx = -\int_a^b f(x)\, dx$

Exemplo

Resolva as integrais definidas:

1. $\int_1^4 \left[\sqrt{x} - \frac{1}{x} + 3\right] dx$

2. $\int_{-1}^2 f(x)\, dx$, onde $f(x) = |2x+1| = \begin{cases} -(2x+1) & \text{se} \quad x < -1/2 \\ 2x+1 & \text{se} \quad x \geq -1/2 \end{cases}$

3. $\int_0^{\pi/2} e^{\text{sen} x} \cos x\, dx$

4. $\int_0^3 f(x)\, dx$, onde $f(x) = \begin{cases} 2x & \text{se} \quad 0 < x < 2 \\ 5 & \text{se} \quad x \geq 2 \end{cases}$

Resolução

1.

$$\int_1^4 \left[\sqrt{x} - \frac{1}{x} + 3\right] dx = \int_1^4 \sqrt{x}\, dx - \int_1^4 \frac{1}{x}\, dx + 3\int_1^4 dx = \left[\frac{2}{3}x^{3/2} - \ln x + 3x\right]_1^4$$

$$= \frac{2}{3}\left(4^{3/2} - 1^{3/2}\right) - (\ln 4 - \ln 1) + 3\,(4-1) = \frac{14}{3} - \ln 4 + 9 = \frac{41}{3} - \ln 4$$

2. $\int_{-1}^2 f(x)\, dx$, onde $f(x) = |2x+1| = \begin{cases} -(2x+1) & \text{se} \quad x < -1/2 \\ 2x+1 & \text{se} \quad x \geq -1/2 \end{cases}$

$$\int_{-1}^2 |2x+1|\, dx = \int_{-1}^{-1/2} (-2x-1)\, dx + \int_{-1/2}^2 (2x+1)\, dx = \left[-x^2 - x\right]_{-1}^{-1/2} + \left[x^2 + x\right]_{-1/2}^2$$

$$= \left[\left(-\frac{1}{4}+\frac{1}{2}\right)-(-1+1)\right]+\left[(4+2)-\left(\frac{1}{4}-\frac{1}{2}\right)\right]=\frac{13}{2}$$

Podemos fazer uso dos métodos de integração para calcular integrais definidas.

3. $\displaystyle\int_0^{\pi/2} e^{\text{sen}x}\cos x\,dx = \int_0^1 e^u\,du = e^u\Big|_0^1 = e-1$, onde $u = \text{sen}x$, $du = \cos x\,dx$ e $\begin{cases} x=0 \Rightarrow u=0 \\ x=\pi/2 \Rightarrow u=1 \end{cases}$.

Vale observar que a função do integrando não precisa ser contínua para ser integrável, bastando que o limite da soma de Riemann exista.

4. $\displaystyle\int_0^3 f(x)\,dx$, onde $f(x) = \begin{cases} 2x & \text{se } 0 < x < 2 \\ 5 & \text{se } x \geq 2 \end{cases}$

Temos que $\displaystyle\int_0^3 f(x)\,dx = \int_0^2 2x\,dx + \int_2^3 5\,dx = x^2\Big|_0^2 + 5x\Big|_2^3 = (4-0)+(15-10) = 9$.

4.5 Segunda Forma do Teorema Fundamental do Cálculo

Sejam f uma função contínua em $[a,b]$ e $x \in [a,b]$. Se $F(x) = \displaystyle\int_a^x f(t)\,dt$, então $F'(x) = f(x)$.

4.5.1 Exemplo:

Determine $\dfrac{dF}{dx}$.

1. $F(x) = \displaystyle\int_1^x \sqrt{\ln t}\,dt$ **2.** $F(x) = \displaystyle\int_0^{x^2} \cos^3 t\,dt$

Resolução

1. $F(x) = \displaystyle\int_1^x \sqrt{\ln t}\,dt$, então $\dfrac{dF}{dx} = \sqrt{\ln x}$.

2. $F(x) = \displaystyle\int_0^{x^2} \cos^3 t\,dt$, então, fazendo $u = x^2$, temos, pela regra da cadeia, $\dfrac{dF}{dx} = \dfrac{dF}{du}\dfrac{du}{dx}$.

Logo, $\dfrac{dF}{dx} = \cos^3 u \cdot 2x = 2x\cos^3(x^2)$.

4.6 Aplicações da Integral Definida

4.6.1 Área entre Curvas

Sejam f e g funções contínuas em $[a,b]$ com $f(x) \geq g(x)\ \forall x \in [a,b]$. A área da região compreendida entre as curvas $y = f(x)$ e $y = g(x)$ (figura 4.6), para $x \in [a,b]$, é dada por

$$A = \int_a^b [f(x) - g(x)]\, dx.$$

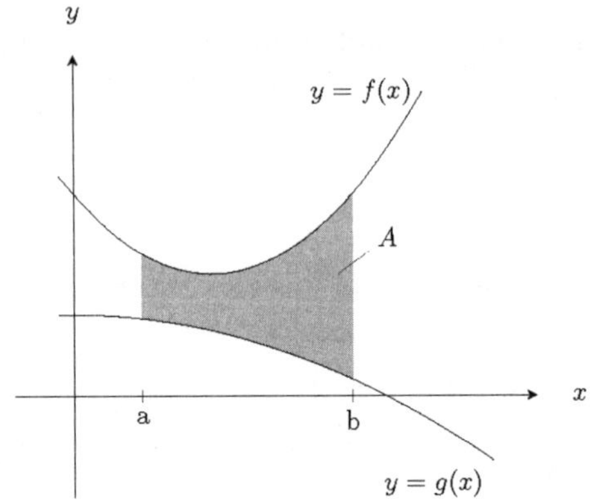

Figura 4.6

Exemplo

Em cada item, determine a área da região limitada pelos gráficos de:

1. $f(x) = x^2 + 3$ e $g(x) = 2x$, para $0 \leq x \leq 2$.

2. $y = -x$ e $y = -x^2 + 2$.

3. $x = \frac{1}{4}y^2$ e a reta $y - 2x + 4 = 0$.

Resolução

1. Considere a figura que segue.

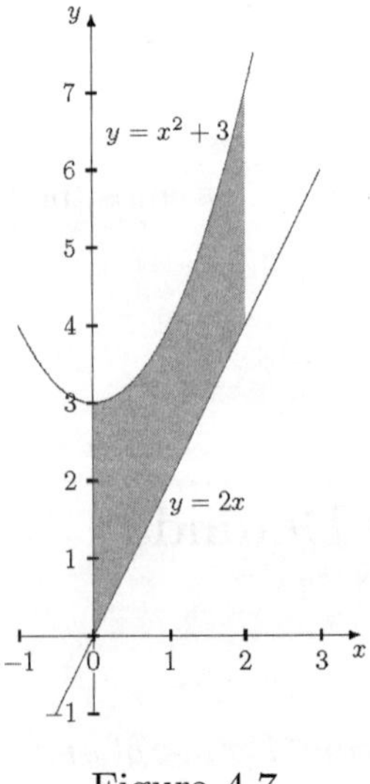

Figura 4.7

$$A = \int_a^b [f(x) - g(x)]\, dx = \int_0^2 [(x^2+3) - 2x]\, dx = \left[\frac{x^3}{3} + 3x - x^2\right]_0^2 = \frac{14}{3} \text{ u.a.}$$

2. O primeiro passo é determinar os pontos de interseção das duas curvas. Fazendo $f(x) = g(x)$, obtemos

$$-x = -x^2 + 2 \;\Rightarrow\; x^2 - x - 2 = 0 \;\Rightarrow\; x_1 = -1,\; x_2 = 2.$$

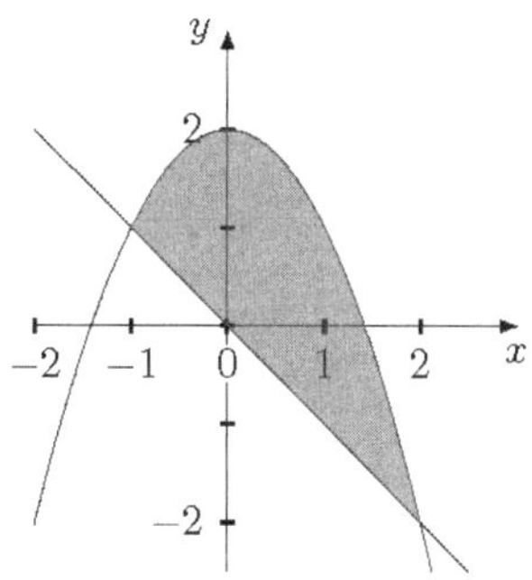

Figura 4.8

Da figura, temos

$$A = \int_{-1}^2 [(-x^2+2) - (-x)]\, dx = \int_{-1}^2 [x - x^2 + 2]\, dx = \left[\frac{x^2}{2} - \frac{x^3}{3} + 2x\right]_{-1}^2$$

$$= \left(2 - \frac{8}{3} + 4\right) - \left(\frac{1}{2} + \frac{1}{3} - 2\right) = \frac{9}{2} \text{ u.a.}$$

3. Pontos de interseção: $\dfrac{y^2}{4} = \dfrac{y}{2} + 2 \;\Rightarrow\; y^2 - 2y - 8 = 0 \;\Rightarrow\; y_1 = -2\,,\; y_2 = 4$, o que corresponde a $x_1 = 1$ e $x_2 = 4$. Veja a figura que segue.

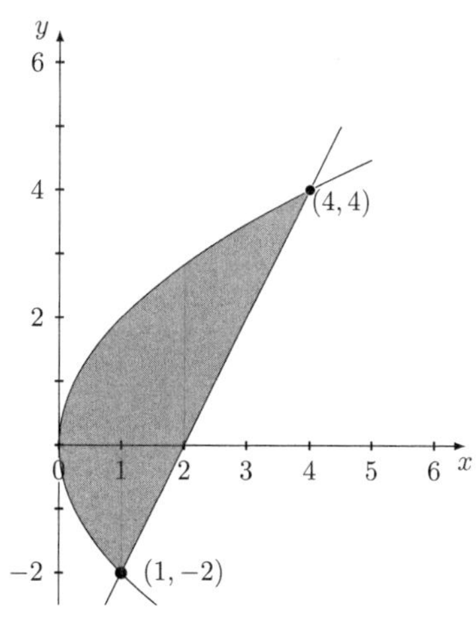

Figura 4.9

Para $0 \leq x \leq 1$, calcularemos a área entre $y = 2\sqrt{x}$ e $y = -2\sqrt{x}$. Já, para $1 \leq x \leq 4$, calcularemos a área entre $y = 2\sqrt{x}$ e $y = 2x - 4$. A área total é dada por

$$A = \int_0^1 [2\sqrt{x} - (-2\sqrt{x})]\, dx + \int_1^4 [2\sqrt{x} - (2x-4)]\, dx = \int_0^1 4\sqrt{x}\, dx + \int_1^4 [2\sqrt{x} - 2x + 4]\, dx$$

$$= \left[\frac{8}{3}x^{3/2}\right]_0^1 + \left[\frac{4}{3}x^{3/2} - x^2 + 4x\right]_1^4 = \frac{8}{3} + \frac{19}{3} = 9\,\text{u.a.}$$

Esse tipo de problema permite um cálculo alternativo, escrevendo as equações das curvas como funções da variável y e realizando a integração em y. Nesse caso, escrevendo $x = \frac{1}{4}y^2$ e $x = \frac{y}{2} + 2$, para $-2 \leq y \leq 4$, temos que

$$A = \int_{-2}^4 \left[\left(\frac{y}{2} + 2\right) - \frac{1}{4}y^2\right] dy = \left[\frac{y^2}{4} + 2y - \frac{y^3}{12}\right]_{-2}^4 = \frac{20}{3} + \frac{7}{3} = 9 \text{ u.a.}$$

4.6.2 Volume de um Sólido de Revolução

Consideraremos o sólido obtido pelo giro em torno do eixo x da região compreendida entre o gráfico de uma função contínua e positiva $f(x)$, $x \in [a, b]$, e o eixo x (figura 4.10).

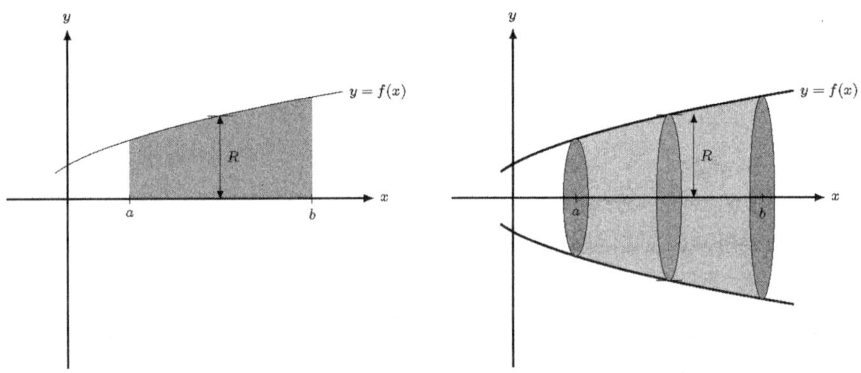

Figura 4.10

Para o cálculo do volume do sólido, dividiremos $[a, b]$ em n subintervalos. Em cada subintervalo $[x_{i-1}, x_i]$, aproximaremos $f(x)$ por uma função constante $f(c_i)$, onde c_i é um ponto arbitrário em $[x_{i-1}, x_i]$. Calcularemos o volume da fatia do sólido - um cilindro de raio $f(c_i)$ e altura Δx_i.

Dessa forma, o volume V poderá ser aproximado pela soma dos volumes das fatias cilíndricas:

$$V \approx \sum_{i=1}^{n} \pi [f(c_i)]^2 \Delta x_i \,.$$

Daí, temos que

$$V = \lim_{n \to \infty} \sum_{i=1}^{n} \pi [f(c_i)]^2 \Delta x_i = \pi \int_a^b [f(x)]^2\, dx \,.$$

4.6.3 Exemplos

Determine o volume do sólido obtido pela rotação da região dada em torno do eixo especificado:

1. Região compreendida entre a curva $y = 2x - x^2$ e o eixo x, em torno do eixo x.

2. Região dada por $R = \{(x, y) \mid 4 \leq x^2 + y^2 \leq 9,\ -1 \leq x \leq 1,\ y \geq 0\}$, em torno do eixo x.

3. Região compreendida entre a curva $x = y^2 + 2$ e as retas $x = 1$, $y = -3$ e $y = 3$, em torno da reta $x = 1$.

Resolução

1. Interseção da parábola com o eixo x: $y = 2x - x^2 = 0 \Rightarrow x_1 = 0,\ x_2 = 2$.

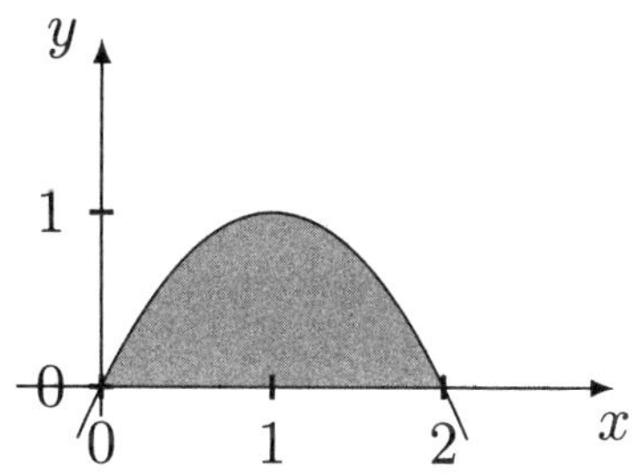

Figura 4.11

Assim,

$$V = \pi \int_0^2 [2x - x^2]^2\, dx = \pi \int_0^2 [4x^2 - 4x^3 + x^4]\, dx = \pi \left[\frac{4}{3}x^3 - x^4 + \frac{1}{5}x^5\right]_0^2$$

$$= \pi \left(\frac{32}{3} - 16 + \frac{32}{5}\right) = \frac{16\pi}{15} \text{ u.v.}$$

2. As curvas que delimitam a região superior e inferiormente são $y = \sqrt{9 - x^2}$, $y = \sqrt{4 - x^2}$ e lateralmente $x = -1$ e $x = 1$. Usando a simetria do sólido, podemos calcular o volume para $0 \leq x \leq 1$ e multiplicar por dois.

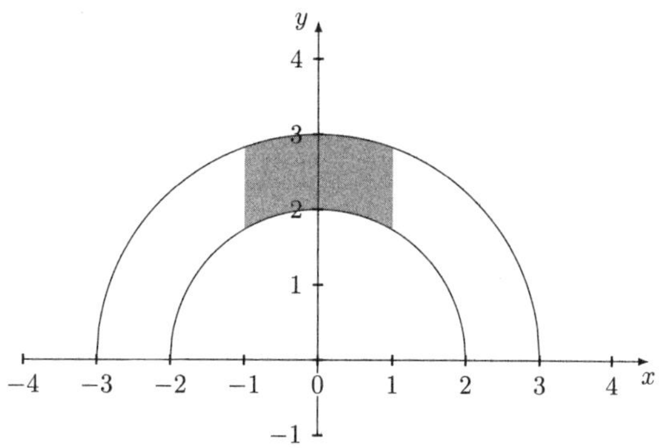

Figura 4.12

Temos então que

$$V = 2\pi \int_0^1 [(\sqrt{9-x^2})^2 - (\sqrt{4-x^2})^2]\, dx = 2\pi \int_0^1 [9 - x^2 - 4 + x^2]\, dx = 10\pi \int_0^1 dx = 10\pi \text{ u.v.}^2$$

3. Considere a figura que segue.

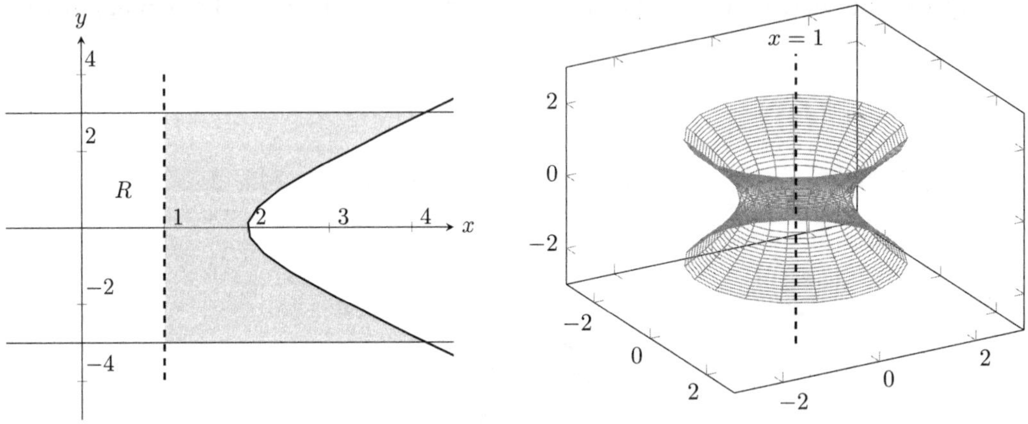

Figura 4.13

Utilizando mais uma vez a simetria da figura, podemos realizar o cálculo do volume da parte superior e multiplicar o resultado por 2. Observe que o volume é definido por uma integral em y, uma vez que a rotação se dá em torno de um eixo vertical. Além disso, o raio das fatias cilíndricas é dado por $f(y) - 1$, onde f fornece a curva que gera a superfície lateral do sólido. Dessa forma,

$$V = 2\pi \int_0^3 [(y^2 + 2 - 1]^2\, dy = 2\pi \int_0^3 [(y^4 + 2y^2 + 1]\, dy = 2\pi \left[\frac{y^5}{5} + 2\frac{y^3}{3} + y\right]_0^3 = \frac{696\,\pi}{5} \text{ u.v.}$$

4.6.4 Comprimento de Arco

Considere na figura que segue a curva γ, correspondente ao gráfico da função $y = f(x)$, $x \in [a, b]$. Para calcularmos o comprimento de γ, dividimos a curva em n pequenas partes, que serão aproximadas por segmentos de reta, ligando os extremos.

Da figura 4.12 podemos escrever o comprimento da i-ésima parte da curva como

$$L_i \approx \sqrt{(\Delta x_i)^2 + (\Delta y_i)^2} \approx \sqrt{(\Delta x_i)^2 + (f'(x_i)\Delta x_i)^2} = \sqrt{1 + (f'(x_i))^2}\, \Delta x_i.$$

Portanto, o comprimento de γ é aproximado por

$$L \approx \sum_{i=1}^{n} \sqrt{1 + (f'(x_i))^2}\, \Delta x_i.$$

[2]unidades de volume

$$= \lim_{x\to 0}\left(\frac{1}{\cos 2x}\times\frac{2\operatorname{sen} x\cos x}{\operatorname{sen} x\cos 2x+\operatorname{sen} 2x\cos x}\right)$$

$$= \lim_{x\to 0}\left(\frac{1}{\cos 2x}\times\frac{2\operatorname{sen} x\cos x}{\operatorname{sen} x\cos 2x+2\operatorname{sen} x\cos x\cos x}\right)$$

$$= \lim_{x\to 0}\left(\frac{1}{\cos 2x}\times\frac{2\cos x}{\cos 2x+2\cos^2 x}\right)=1\times\frac{2}{3}=\frac{2}{3}$$

(e) $\lim\limits_{x\to\pi/2}\dfrac{\operatorname{sen} x-1}{1-\operatorname{cosec} x}=\lim\limits_{x\to\pi/2}\dfrac{\operatorname{sen} x-1}{1-\frac{1}{\operatorname{sen} x}}=\lim\limits_{x\to\pi/2}\left(\dfrac{\operatorname{sen} x-1}{\operatorname{sen} x-1}\times\operatorname{sen} x\right)=\lim\limits_{x\to\pi/2}\operatorname{sen} x=1$

(f) $\lim\limits_{x\to 0}\dfrac{\cos 2x-\cos 3x}{x^2}=\lim\limits_{x\to 0}\left(\dfrac{\cos 2x-\cos 3x}{x^2}\times\dfrac{\cos 2x+\cos 3x}{\cos 2x+\cos 3x}\right)$

$$= \lim_{x\to 0}\left(\frac{\cos^2 2x-\cos^2 3x}{x^2}\times\frac{1}{\cos 2x+\cos 3x}\right)$$

$$= \lim_{x\to 0}\left[\frac{1-\operatorname{sen}^2 2x-(1-\operatorname{sen}^2 3x)}{x^2}\times\frac{1}{\cos 2x+\cos 3x}\right]$$

$$= \lim_{x\to 0}\left(\frac{-\operatorname{sen}^2 2x+\operatorname{sen}^2 3x}{x^2}\times\frac{1}{\cos 2x+\cos 3x}\right)$$

$$= \lim_{x\to 0}\left\{\left[\left(\frac{-\operatorname{sen}^2 2x}{x^2}\right)+\left(\frac{\operatorname{sen}^2 3x}{x^2}\right)\right]\times\frac{1}{\cos 2x+\cos 3x}\right\}$$

$$= \lim_{x\to 0}\left\{\left[-4\left(\frac{\operatorname{sen} 2x}{2x}\right)^2+9\left(\frac{\operatorname{sen} 3x}{3x}\right)^2\right]\times\frac{1}{\cos 2x+\cos 3x}\right\}$$

$$= \left[-4\left(\lim_{x\to 0}\frac{\operatorname{sen} 2x}{2x}\right)^2+9\left(\lim_{x\to 0}\frac{\operatorname{sen} 3x}{3x}\right)^2\right]\times\left(\lim_{x\to 0}\frac{1}{\cos 2x+\cos 3x}\right)$$

$$= [-4\cdot(1)^2+9\cdot(1)^2]\times\frac{1}{2}=\frac{5}{2}$$

(g) Seja $u=\pi-3x$. Segue que $x=\dfrac{\pi-u}{3}$. Então, quando $x\to\pi/3$, $u\to 0$, e

$$\lim_{x\to\pi/3}\frac{1-2\cos x}{\pi-3x}=\lim_{u\to 0}\frac{1-2\cos\frac{\pi-u}{3}}{u}=\lim_{u\to 0}\frac{1-2\left(\cos\frac{\pi}{3}\cos\frac{u}{3}+\operatorname{sen}\frac{\pi}{3}\operatorname{sen}\frac{u}{3}\right)}{u}$$

$$= \lim_{u\to 0}\frac{1-2\,\frac{1}{2}\cos\frac{u}{3}-2\,\frac{\sqrt{3}}{2}\operatorname{sen}\frac{u}{3}}{u}=\lim_{u\to 0}\left(\frac{1-\cos\frac{u}{3}}{u}-\sqrt{3}\,\frac{\operatorname{sen}\frac{u}{3}}{u}\right)$$

$$= \lim_{u\to 0}\left(\frac{1-\cos\frac{u}{3}}{u}\times\frac{1+\cos\frac{u}{3}}{1+\cos\frac{u}{3}}-\frac{\sqrt{3}}{3}\,\frac{\operatorname{sen}\frac{u}{3}}{\frac{u}{3}}\right)=\lim_{u\to 0}\left(\frac{1-\cos^2\frac{u}{3}}{u}\times\frac{1}{1+\cos\frac{u}{3}}-\frac{\sqrt{3}}{3}\,\frac{\operatorname{sen}\frac{u}{3}}{\frac{u}{3}}\right)$$

$$= \lim_{u\to 0}\left(\frac{\operatorname{sen}^2\frac{u}{3}}{u}\times\frac{1}{1+\cos\frac{u}{3}}-\frac{\sqrt{3}}{3}\,\frac{\operatorname{sen}\frac{u}{3}}{\frac{u}{3}}\right)=\lim_{u\to 0}\left(\frac{u}{9}\,\frac{\operatorname{sen}^2\frac{u}{3}}{\frac{u^2}{9}}\times\frac{1}{1+\cos\frac{u}{3}}-\frac{\sqrt{3}}{3}\,\frac{\operatorname{sen}\frac{u}{3}}{\frac{u}{3}}\right)$$

$$= \lim_{u\to 0}\left[\frac{u}{9}\left(\frac{\operatorname{sen}\frac{u}{3}}{\frac{u}{3}}\right)^2 \times \frac{1}{1+\cos\frac{u}{3}} - \frac{\sqrt{3}}{3}\,\frac{\operatorname{sen}\frac{u}{3}}{\frac{u}{3}}\right]$$

$$= \frac{1}{9}\left(\lim_{u\to 0} u\right) \times \left(\lim_{u\to 0}\frac{\operatorname{sen}\frac{u}{3}}{\frac{u}{3}}\right)^2 \times \left(\lim_{u\to 0}\frac{1}{1+\cos\frac{u}{3}}\right) - \frac{\sqrt{3}}{3}\left(\lim_{u\to 0}\frac{\operatorname{sen}\frac{u}{3}}{\frac{u}{3}}\right)$$

$$= \frac{1}{9}\times 0\times 1\times\frac{1}{2} - \frac{\sqrt{3}}{3}\times 1 = -\frac{\sqrt{3}}{3}.$$

(h) $\displaystyle\lim_{x\to 0}\frac{\sqrt{1+\operatorname{sen}x}-\sqrt{1-\operatorname{sen}x}}{2x}$

$$= \frac{1}{2}\lim_{x\to 0}\left(\frac{\sqrt{1+\operatorname{sen}x}-\sqrt{1-\operatorname{sen}x}}{x}\times\frac{\sqrt{1+\operatorname{sen}x}+\sqrt{1-\operatorname{sen}x}}{\sqrt{1+\operatorname{sen}x}+\sqrt{1-\operatorname{sen}x}}\right)$$

$$= \frac{1}{2}\lim_{x\to 0}\left(\frac{1+\operatorname{sen}x-(1-\operatorname{sen}x)}{x}\times\frac{1}{\sqrt{1+\operatorname{sen}x}+\sqrt{1-\operatorname{sen}x}}\right)$$

$$= \frac{1}{2}\lim_{x\to 0}\left(\frac{2\operatorname{sen}x}{x}\times\frac{1}{\sqrt{1+\operatorname{sen}x}+\sqrt{1-\operatorname{sen}x}}\right)$$

$$= \left(\lim_{x\to 0}\frac{\operatorname{sen}x}{x}\right)\times\left(\lim_{x\to 0}\frac{1}{\sqrt{1+\operatorname{sen}x}+\sqrt{1-\operatorname{sen}x}}\right) = 1\times\frac{1}{2} = \frac{1}{2}$$

(i) Note que

$$\lim_{x\to-\infty}\left(\frac{2x-1}{2x+1}\right)^{3x} = \lim_{x\to-\infty}\left(\frac{2x+1-2}{2x+1}\right)^{3x} = \lim_{x\to-\infty}\left(1-\frac{2}{2x+1}\right)^{3x}.$$

Seja $\dfrac{-2}{2x+1} = \dfrac{1}{u}$. Então, $u = -x - \frac{1}{2}$. Quando $x\to-\infty$, temos que $u\to+\infty$ e

$$\lim_{x\to-\infty}\left(\frac{2x-1}{2x+1}\right)^{3x} = \lim_{x\to-\infty}\left(1-\frac{2}{2x+1}\right)^{3x} = \lim_{u\to+\infty}\left(1+\frac{1}{u}\right)^{-3u-3/2}$$

$$= \lim_{u\to+\infty}\left[\left(1+\frac{1}{u}\right)^{-3u}\times\left(1+\frac{1}{u}\right)^{-3/2}\right] = \frac{1}{\displaystyle\lim_{u\to+\infty}\left(1+\frac{1}{u}\right)^{3u}}\times\frac{1}{\displaystyle\lim_{u\to+\infty}\left(1+\frac{1}{u}\right)^{3/2}}$$

$$= \frac{1}{e^3}\times\frac{1}{1+0} = \frac{1}{e^3}$$

(j) Note que

$$\lim_{x\to 0^+}\frac{\ln(1+5x)}{2x} = \lim_{x\to 0^+}\left[\frac{1}{2\,x}\ln(1+5x)\right] = \lim_{x\to 0^+}\ln(1+5x)^{1/2x} = \ln\left[\lim_{x\to 0^+}(1+5x)^{1/2x}\right].$$

Seja então $u = \dfrac{1}{5x}$. Quando $x\to 0^+$, temos que $u\to+\infty$ e

$$\lim_{x\to 0^+}\frac{\ln(1+5x)}{2x}=\ln\left[\lim_{x\to 0^+}(1+5x)^{1/2x}\right]=\ln\left[\lim_{u\to+\infty}\left(1+\frac{1}{u}\right)^{5u/2}\right]=\ln\left\{\lim_{u\to+\infty}\left[\left(1+\frac{1}{u}\right)^{u}\right]^{5/2}\right\}$$

$$=\ln\left[\lim_{u\to+\infty}\left(1+\frac{1}{u}\right)^{u}\right]^{5/2}=\ln e^{5/2}=\frac{5}{2}.$$

Com SymPy

```
>>> from sympy import*
>>> x=symbols('x')
>>> expr=(ln(1+5*x))/(2*x)
>>> limit(expr,x,0,'+')
5/2
```

(l) $\operatorname{tg}\left(\frac{\pi}{4}-x\right)=\dfrac{\operatorname{tg}\frac{\pi}{4}-\operatorname{tg}x}{1+\operatorname{tg}\frac{\pi}{4}\cdot\operatorname{tg}x}=\dfrac{1-\operatorname{tg}x}{1+\operatorname{tg}x}$

$$\lim_{x\to 0}\left[\operatorname{tg}\left(\frac{\pi}{4}-x\right)\right]^{\operatorname{cotg}x}=\lim_{x\to 0}\left(\frac{1-\operatorname{tg}x}{1+\operatorname{tg}x}\right)^{\frac{1}{\operatorname{tg}x}}$$

$u=\operatorname{tg}x,\ x\to 0\Rightarrow u\to 0$

$$\lim_{x\to 0}\left[\operatorname{tg}\left(\frac{\pi}{4}-x\right)\right]^{\operatorname{cotg}x}=\lim_{u\to 0}\left(\frac{1-u}{1+u}\right)^{\frac{1}{u}}=\frac{\lim\limits_{u\to 0}(1-u)^{\frac{1}{u}}}{\lim\limits_{u\to 0}(1+u)^{\frac{1}{u}}}=\frac{e^{-1}}{e}=e^{-2}$$

(m) $x-\sqrt{2}=u\ \Rightarrow\ x=u+\sqrt{2},\qquad x\to\sqrt{2}\ \Rightarrow\ u\to 0$

$$\lim_{x\to\sqrt{2}}\frac{3^x-3^{\sqrt{2}}}{x-\sqrt{2}}=\lim_{u\to 0}\frac{3^{u+\sqrt{2}}-3^{\sqrt{2}}}{u}=\lim_{u\to 0}\frac{3^u3^{\sqrt{2}}-3^{\sqrt{2}}}{u}=\lim_{u\to 0}\frac{3^{\sqrt{2}}(3^u-1)}{u}$$

$$=3^{\sqrt{2}}\lim_{u\to 0}\frac{3^u-1}{u}=3^{\sqrt{2}}\ln 3$$

Continuidade

5. (a) $f(x)$ é contínua para todo $x\neq\pi/2$ e $x\neq\pi$. Devemos impor a continuidade em $x=\pi/2$ e em $x=\pi$.

(i) $f(x)$ é contínua em $x=\pi/2$ se, e somente se,

$$\lim_{x\to(\pi/2)^-}f(x)=f(\frac{\pi}{2})\Rightarrow\lim_{x\to(\pi/2)^-}\operatorname{sen}x=a\,\frac{\pi}{2}+b\Rightarrow 1=a\,\frac{\pi}{2}+b\Rightarrow a\,\pi+2\,b=2.$$

(ii) $f(x)$ é contínua em $x=\pi$ se, e somente se,

$$\lim_{x\to\pi^+} f(x) = f(\pi) \Rightarrow \lim_{x\to\pi^+} (x+3b) = a\,\pi + b \Rightarrow \pi + 3\,b = a\,\pi + b \Rightarrow a\pi - 2b = \pi.$$

Concluindo, temos que $f(x)$ é contínua para todo x real se, e somente se,

$$\begin{cases} a\,\pi + 2\,b = 2 \\ a\,\pi - 2\,b = \pi \end{cases} \Rightarrow \begin{cases} a = 1/\pi + \pi/2 \\ b = 1/2 - \pi/4 \end{cases}.$$

(b) $f(x)$ é contínua para todo $x \neq -2$ e $x \neq 2$. Devemos impor a continuidade em $x = -2$ e em $x = 2$.

(i) $f(x)$ é contínua em $x = -2$ se, e somente se,

$$\lim_{x\to-2^-} f(x) = f(-2) \Rightarrow \lim_{x\to-2^-} x^2 = -2\,a + b \Rightarrow -2\,a + b = 4.$$

(ii) $f(x)$ é contínua em $x = 2$ se, e somente se,

$$\lim_{x\to 2^+} f(x) = f(2) \Rightarrow \lim_{x\to 2^+} (2\,x - 6) = 2\,a + b \Rightarrow 2\,a + b = -4.$$

Concluindo, temos que $f(x)$ é contínua para todo x real se, e somente se,

$$\begin{cases} -2\,a + b = 4 \\ 2\,a + b = -4 \end{cases} \Rightarrow \begin{cases} a = -2 \\ b = 0 \end{cases}.$$

6. i - $f(0) = k$

ii - $\displaystyle\lim_{x\to 0^-} f(x) = \lim_{x\to 0^-} \frac{(x^3+1)(e^x-1)}{x^5+4x^3+4x} = \lim_{x\to 0^-} \frac{(x^3+1)(e^x-1)}{x(x^4+4x^2+4)}$

$\displaystyle= \lim_{x\to 0^-} \frac{x^3+1}{(x^2+2)^2} \cdot \lim_{x\to 0^-} \frac{e^x-1}{x} = \frac{1}{4} \cdot \ln e = \frac{1}{4}$

iii - $\displaystyle\lim_{x\to 0^+} f(x) = \lim_{x\to 0^+} \frac{\mathrm{sen}4x}{\ln(1+16x)} = \lim_{x\to 0^+} \frac{\mathrm{sen}4x}{4x} \cdot \lim_{x\to 0^+} \frac{4x}{\ln(1+16x)}$

$\displaystyle= 1 \cdot 4 \cdot \lim_{x\to 0^+} \frac{1}{\frac{1}{x}\ln(1+16x)} = 4 \cdot \frac{1}{\ln\left[\lim_{x\to 0^+} (1+16x)^x\right]} = 4 \cdot \frac{1}{\ln e^{16}} = \frac{4}{16} = \frac{1}{4}$

Assim, $\displaystyle\lim_{x\to 0} f(x) = \frac{1}{4}$. Portanto, $k = \dfrac{1}{4}$.

5.2 Capítulo 2

Definição de derivada

1. (a) $\displaystyle f'(x) = \lim_{\Delta x\to 0} \frac{f(x+\Delta x) - f(x)}{\Delta x} = \lim_{\Delta x\to 0} \frac{\frac{1}{(x+\Delta x)-1} - \frac{1}{x-1}}{\Delta x}$

$$= \lim_{\Delta x \to 0} \frac{x-1-(x+\Delta x-1)}{\Delta x\,(x+\Delta x-1)\,(x-1)} = \lim_{\Delta x \to 0} \frac{-\Delta x}{\Delta x\,(x+\Delta x-1)\,(x-1)}$$

$$= \lim_{\Delta x \to 0} \frac{-1}{(x+\Delta x-1)\,(x-1)} = -\frac{1}{(x-1)\,(x-1)} = -\frac{1}{(x-1)^2}$$

(b) $f'(x) = \lim\limits_{\Delta x \to 0} \dfrac{f(x+\Delta x)-f(x)}{\Delta x} = \lim\limits_{\Delta x \to 0} \dfrac{\sqrt{3(x+\Delta x)+1}-\sqrt{3x+1}}{\Delta x}$

$$= \lim_{\Delta x \to 0} \frac{\sqrt{3x+3\Delta x+1}-\sqrt{3x+1}}{\Delta x}$$

$$= \lim_{\Delta x \to 0} \left(\frac{\sqrt{3x+3\Delta x+1}-\sqrt{3x+1}}{\Delta x} \times \frac{\sqrt{3x+3\Delta x+1}+\sqrt{3x+1}}{\sqrt{3x+3\Delta x+1}+\sqrt{3x+1}} \right)$$

$$= \lim_{\Delta x \to 0} \frac{3x+3\Delta x+1-(3x+1)}{\Delta x\,(\sqrt{3x+3\Delta x+1}+\sqrt{3x+1})} = \lim_{\Delta x \to 0} \frac{3\Delta x}{\Delta x\,(\sqrt{3x+3\Delta x+1}+\sqrt{3x+1})}$$

$$= \lim_{\Delta x \to 0} \frac{3}{\sqrt{3x+3\Delta x+1}+\sqrt{3x+1}} = \frac{3}{\sqrt{3x+1}+\sqrt{3x+1}} = \frac{3}{2\sqrt{3x+1}}$$

2. (a) x^2+3x-2, $x_0 = \dfrac{\pi}{2}$

$$f'(x_0) = \lim_{\Delta x_0 \to 0} \frac{f(x_0+\Delta x)-f(x_0)}{\Delta x}$$

$$= \lim_{\Delta x_0 \to 0} \frac{(\frac{\pi}{2}+\Delta x)^2+3(\frac{\pi}{2}+\Delta x)-2-(\frac{\pi^2}{4}+\frac{3\pi}{2}-2)}{\Delta x}$$

$$= \lim_{\Delta x_0 \to 0} \frac{\frac{\pi^2}{4}+\pi\Delta x+(\Delta x)^2+\frac{3\pi}{2}+3\Delta x-2-\frac{\pi^2}{4}-\frac{3\pi}{2}+2}{\Delta x}$$

$$= \lim_{\Delta x_0 \to 0} \frac{\pi\Delta x+(\Delta x)^2+3\Delta x}{\Delta x} = \lim_{\Delta x_0 \to 0} (\pi+3+\Delta x) = \pi+3$$

(b) $f(x) = \cos(x)$, $x_0 = \dfrac{\pi}{2}$

$$f'\left(\frac{\pi}{2}\right) = \lim_{\Delta x_0 \to 0} \frac{f(\frac{\pi}{2}+\Delta x)-f(\frac{\pi}{2})}{\Delta x} = \lim_{\Delta \to 0} \frac{\cos(\frac{\pi}{2}+\Delta x)-\cos\frac{\pi}{2}}{\Delta x}$$

$$= \lim_{\Delta x \to 0} \frac{1}{\Delta x}\left(\cos\frac{\pi}{2}\,\cos(\Delta x) - \operatorname{sen}\frac{\pi}{2}\operatorname{sen}(\Delta x) - 0\right) = \lim_{\Delta x \to 0} \frac{-\operatorname{sen}(\Delta x)}{\Delta x} = -\lim_{\Delta x \to 0} \frac{\operatorname{sen}(\Delta x)}{\Delta x} = -1$$

3. (a)

$$f(x) = \begin{cases} x+1, & \text{se } x \le 0 \\ e^x, & \text{se } x > 0 \end{cases}$$

$$f'(0) = \lim_{\Delta x \to 0} \frac{f(0+\Delta x)-f(0)}{\Delta x} = \lim_{\Delta x \to 0} \frac{f(\Delta x)-1}{\Delta x}, \text{ se o limite existe.}$$

Precisamos calcular os limites laterais. Temos

$$\lim_{\Delta x\to 0^-}\frac{f(\Delta x)-1}{\Delta x} = \lim_{\Delta x\to 0^-}\frac{(\Delta x+1)-1}{\Delta x} = \lim_{\Delta x\to 0^-} 1 = 1$$

e

$$\lim_{\Delta x\to 0^+}\frac{f(\Delta x)-1}{\Delta x} = \lim_{\Delta x\to 0^+}\frac{e^{\Delta x}-1}{\Delta x} = \ln(e) = 1.$$

Logo, $\lim_{\Delta x\to 0}\frac{f(\Delta x)-1}{\Delta x} = 1 = f'(0)$.

(b) $f'(x) = x|x| = \begin{cases} x^2, & \text{se} \quad x \geq 0 \\ -x^2, & \text{se} \quad x < 0 \end{cases}$

$$f'(0) = \lim_{\Delta x\to 0}\frac{f(0+\Delta x)-f(0)}{\Delta x} = \lim_{\Delta x\to 0}\frac{f(\Delta x)-0}{\Delta x}, \text{ se o limite existe.}$$

Usamos limites laterais para calcular tal limite. Temos

$$\lim_{\Delta x\to 0^+}\frac{f(\Delta x)}{\Delta x} = \lim_{\Delta x\to 0^+}\frac{(\Delta x)^2}{\Delta x} = \lim_{\Delta x\to 0^+}\Delta x = 0$$

e

$$\lim_{\Delta x\to 0^-}\frac{f(\Delta x)}{\Delta x} = \lim_{\Delta x\to 0^-}\frac{-(\Delta x)^2}{\Delta x} = \lim_{\Delta x\to 0^-} -(\Delta x) = 0.$$

Logo, $\lim_{\Delta x\to 0}\frac{f(\Delta x)}{\Delta x} = 0 = f'(0)$.

Derivadas de funções

4. (a) $f(x) = \log_2\sqrt{\frac{1+x}{1-x}} = \frac{1}{2}\log_2\left(\frac{1+x}{1-x}\right)$

$$f'(x) = \frac{1}{2}\cdot\frac{1}{\ln 2}\cdot\frac{1-x+(1+x)}{(1-x)^2}\cdot\frac{1}{\frac{1+x}{1-x}} = \frac{2}{2\ln 2(1-x)^2}\cdot\frac{1-x}{1+x} = \frac{1}{\ln 2(1-x^2)}$$

(b) $f(x) = \text{arcsen}\left(\frac{\sqrt{x}}{e^x}\right)$

$$f'(x) = \frac{1}{\sqrt{1-\frac{x}{e^{2x}}}}\cdot\frac{\frac{1}{2\sqrt{x}}\cdot e^x - \sqrt{x}\cdot e^x}{e^{2x}} = \frac{e^x}{\sqrt{e^{2x}-x}}\cdot\frac{1-2x}{2e^x\sqrt{x}} = \frac{1-2x}{2\sqrt{xe^{2x}-x^2}}$$

(c) $f(x) = (\cos\, x)^{x^3}$

$u(x) = \cos x\,, \qquad v(x) = x^3$

$$f(x) = [u(x)]^{v(x)} = e^{\ln[u(x)]^{v(x)}} = e^{v(x)\cdot\ln\, u(x)}$$

$$f'(x) = e^{v(x)\cdot \ln u(x)} \cdot \left[v'(x) \cdot \ln u(x) + v(x) \cdot \frac{u'(x)}{u(x)}\right] = e^{\ln[u(x)]^{v(x)}} \cdot \left[v'(x) \cdot \ln u(x) + v(x) + \frac{u'(x)}{u(x)}\right]$$

$$= [u(x)]^{v(x)} \cdot \left[v'(x) \cdot \ln u(x) + \frac{v(x)u'(x)}{u(x)}\right]$$

$$u'(x) = -\operatorname{sen} x\,, \qquad v'(x) = 3x^2$$

$$f'(x) = (\cos x)^{x^3} \cdot \left[3x^2 \ln(\cos x) + \frac{x^3(-\operatorname{sen} x)}{\cos x}\right] = (\cos x)^{x^3} \cdot [3x^2 \ln(\cos x) - x^3 \operatorname{tg} x]$$

(d) $f(x) = (e^{2x})^{\operatorname{cotg} 2x}$

$$u(x) = e^{2x} \quad \Rightarrow \quad u'(x) = 2e^{2x}$$

$$v(x) = \operatorname{cotg} 2x \quad \Rightarrow \quad v'(x) = -2\operatorname{cosec}^2 2x$$

$$f'(x) = [u(x)]^{v(x)} \cdot \left[v'(x) \ln u(x) + \frac{v(x) \cdot u'(x)}{u(x)}\right]$$

$$f'(x) = (e^{2x})^{\operatorname{cotg} 2x} \left[-2\operatorname{cosec}^2 2x \cdot \ln e^{2x} + \frac{\operatorname{cotg} 2x \cdot 2 \cdot e^{2x}}{e^{2x}}\right]$$

$$= (e^{2x})^{\operatorname{cotg} 2x}[-4x \cdot \operatorname{cosec}^2 2x + 2 \cdot \operatorname{cotg} 2x]$$

(e) $f(x) = \dfrac{x^3}{3\sqrt{(1+x^2)^3}}$

$$f'(x) = \frac{(x^3)' \cdot 3\sqrt{(1+x^2)^3} - x^3 \cdot (3\sqrt{(1+x^2)^3})'}{[3\sqrt{(1+x^2)^3}]^2}$$

$$= \frac{3x^2 \cdot 3\sqrt{(1+x^2)^3} - 3x^3 \cdot \dfrac{1}{2\sqrt{(1+x^2)^3}} \cdot 3(1+x^2)^2 \cdot 2x}{9(1+x^2)^3}$$

$$= \frac{x^2 \cdot (1+x^2)^3 - x^4(1+x^2)^2}{(1+x^2)^3 \cdot \sqrt{(1+x^2)^3}} = \frac{x^2[(1+x^2) - x^2]}{(1+x^2)(1+x^2)^{3/2}} = \frac{x^2}{\sqrt{(1+x^2)^5}}$$

(f) $f(x) = \sqrt{x\sqrt[3]{x^2\sqrt[4]{x^3}}} = \sqrt{\sqrt[3]{x^5\sqrt[4]{x^3}}} = \sqrt{\sqrt[3]{\sqrt[4]{x^{23}}}} = \sqrt[24]{x^{23}} = x^{23/24}$

$$f'(x) = \frac{23}{24} \cdot x^{\frac{23}{24}-1} = \frac{23}{24} \cdot x^{-\frac{1}{24}} = \frac{23}{24\sqrt[24]{x}}$$

(g) $f(x) = \log_5 \dfrac{\arccos x}{\operatorname{arcsen} x}$

$$f'(x) = \frac{1}{\ln 5} \cdot \frac{\dfrac{-1}{\sqrt{1-x^2}} \cdot \operatorname{arcsen} x - \dfrac{1}{\sqrt{1-x^2}} \cdot \arccos x}{(\operatorname{arcsen} x)^2} \cdot \frac{1}{\dfrac{\arccos x}{\operatorname{arcsen} x}}$$

$$= -\frac{1}{\ln 5} \cdot \frac{\operatorname{arcsen} x + \arccos x}{\sqrt{1-x^2} \cdot \operatorname{arcsen} x \cdot \arccos x}$$

(h) $f(x) = \sqrt{\dfrac{1 - \operatorname{sen} x}{\cos x}}$

$$f'(x) = \frac{1}{2} \cdot \left(\frac{1 - \operatorname{sen} x}{\cos x}\right)^{-\frac{1}{2}} \cdot \frac{[-\cos x \cdot \cos x + \operatorname{sen} x \cdot (1 - \operatorname{sen} x)]}{\cos^2 x}$$

$$= \frac{1}{2} \cdot \sqrt{\frac{\cos x}{1 - \operatorname{sen} x}} \cdot \frac{[-\cos^2 x + \operatorname{sen} x - \operatorname{sen}^2 x]}{\cos^2 x} = \frac{1}{2} \cdot \sqrt{\frac{\cos x}{1 - \operatorname{sen} x}} \cdot \frac{\operatorname{sen} x - 1}{\cos^2 x}$$

$$= -\frac{1}{2} \cdot \sqrt{\frac{1 - \operatorname{sen} x}{\cos^3 x}}$$

(i) $f(x) = \log_x e = \dfrac{\log_e e}{\log_e x} = \dfrac{1}{\ln x}$

$$f'(x) = -(\ln x)^{-2} \cdot \frac{1}{x} = -\frac{1}{(\ln x)^2} \cdot \frac{1}{x} = -(\log_x e)^2 \cdot \frac{1}{x}$$

(j) $f(x) = \ln^2(\sec 2^{\sqrt[3]{x}})$

$$f'(x) = 2 \ln(\sec 2^{\sqrt[3]{x}}) \cdot \frac{\sec 2^{\sqrt[3]{x}} \cdot \operatorname{tg} 2^{\sqrt[3]{x}} \,.\, 2^{\sqrt[3]{x}} \,.\, \frac{1}{3} x^{-2/3} \ln 2}{\sec 2^{\sqrt[3]{x}}}$$

$$= 2^{1+\sqrt[3]{x}} \cdot \ln 2 \cdot \frac{\operatorname{tg} 2^{\sqrt[3]{x}}}{3\sqrt[3]{x^2}} \cdot \ln(\sec 2^{\sqrt[3]{x}})$$

(l) $f(x) = \dfrac{2}{3} \cdot \operatorname{arctg} \dfrac{5 \operatorname{tg} \frac{x}{2} + 4}{3}$

$$f'(x) = \frac{2}{3} \cdot \frac{1}{1 + \left(\dfrac{5 \operatorname{tg} \frac{x}{2} + 4}{3}\right)^2} \cdot \frac{5}{3} \cdot \sec^2 \frac{x}{2} \cdot \frac{1}{2} = \frac{5}{9} \cdot \frac{9 \sec^2 \frac{x}{2}}{9 + 25 \operatorname{tg}^2 \frac{x}{2} + 40 \operatorname{tg} \frac{x}{2} + 16}$$

$$= \frac{5 \sec^2 \frac{x}{2}}{25 \sec^2 \frac{x}{2} + 40 \operatorname{tg} \frac{x}{2}} = \frac{\dfrac{1}{\cos^2 \frac{x}{2}}}{5 \cdot \dfrac{1}{\cos^2 \frac{x}{2}} + 8 \cdot \dfrac{\operatorname{sen} \frac{x}{2}}{\cos \frac{x}{2}}} = \frac{1}{5 + 8 \operatorname{sen} \frac{x}{2} \cdot \cos \frac{x}{2}} = \frac{1}{5 + 4 \operatorname{sen} x}$$

(m) $f(x) = \ln(\cosh x) + \dfrac{1}{2 \cosh^2 x}$

$$f'(x) = \frac{\operatorname{senh} x}{\cosh x} + \frac{1}{2} \cdot (-2) \cdot (\cosh x)^{-3} \cdot \operatorname{senh} x = \operatorname{tgh} x - \frac{\operatorname{senh} x}{\cosh^3 x} = \operatorname{tgh} x - \operatorname{tgh} x \cdot \operatorname{sech}^2 x$$

$$= \operatorname{tgh} x(1 - \operatorname{sech}^2 x) = \operatorname{tgh} x \cdot \operatorname{tgh}^2 x = \operatorname{tgh}^3 x$$

(n) $f(x) = \text{sen}(\cos^2 x) \cdot \cos(\text{sen}^2 x)$

$f'(x) = \cos(\cos^2 x) \cdot 2\cos x \cdot (-\text{sen}\, x) \cdot \cos(\text{sen}^2 x) + \text{sen}(\cos^2 x) \cdot (-\text{sen}(\text{sen}^2 x)) \cdot 2\,\text{sen}\, x\, \cos x$

$= -2\,\text{sen}\, x \cos x[\cos(\cos^2 x) \cdot \cos(\text{sen}^2 x) + \text{sen}(\cos^2 x) \cdot \text{sen}(\text{sen}^2 x)]$

$= -\text{sen}\, 2x[\cos(\cos^2 x - \text{sen}^2 x)] = -\text{sen}\, 2x \cdot \cos(\cos 2x)$

(o) $f(x) = \dfrac{\text{sen}\, x - x\cos x}{\cos x + x\,\text{sen}\, x}$

$f'(x) = \dfrac{(\text{sen}\, x - x\cos x)' \cdot (\cos x + x\,\text{sen}\, x) - (\text{sen}\, x - x\cos x) \cdot (\cos x + x\,\text{sen}\, x)'}{(\cos x + x\,\text{sen}\, x)^2}$

$= \dfrac{(\cos x - \cos x + x\,\text{sen}\, x) \cdot (\cos x + x\,\text{sen}\, x) - (\text{sen}\, x - x\cos x) \cdot (-\text{sen}\, x + \text{sen}\, x + x\cos x)}{(\cos x + x\,\text{sen}\, x)^2}$

$= \dfrac{x\,\text{sen}\, x \cos x + x^2\text{sen}^2 x - x\,\text{sen}\, x\cos x + x^2\cos^2 x}{(\cos x + x\,\text{sen}\, x)^2} = \dfrac{x^2}{(\cos x + x\,\text{sen}\, x)^2}$

(p) $f(x) = \sqrt[3]{\text{arcotg}\, 2x}$

$f'(x) = \dfrac{1}{3} \cdot (\text{arcotg}\, 2x)^{-2/3} \cdot \dfrac{(-2)}{1+4x^2} = \dfrac{-2}{3(1+4x^2) \cdot \sqrt[3]{(\text{arcotg}\, 2x)^2}}$

5. (a) $f(x) = e^{-2x}$

$f'(x) = -2e^{-2x}$

$f''(x) = 4e^{-2x}$

$f'''(x) = -8e^{-2x}$

$f^{iv}(x) = 16e^{-2x}$

.

.

.

$f^{(n)}(x) = (-1)^n \cdot 2^n \cdot e^{-2x}$

(b) $f(x) = \cos 2x$

$f'(x) = -2\text{sen}\, 2x = 2\cos\left(2x + \dfrac{\pi}{2}\right)$

$f''(x) = -4\cos 2x = 2^2\cos(2x + \pi)$

$f'''(x) = 8\text{sen}\, 2x = 2^3\cos\left(2x + \dfrac{3\pi}{2}\right)$

$f^{iv}(x) = 16\cos 2x = 2^4\cos(2x + 2\pi)$

.

.

.

$f^{(n)}(x) = 2^n\cos\left(2x + \dfrac{n\pi}{2}\right)$

(c) $f(x) = \dfrac{1}{x}$

$f'(x) = -\dfrac{1}{x^2}$

$f''(x) = \dfrac{2}{x^3}$

$f'''(x) = -\dfrac{6}{x^4}$

$f^{iv}(x) = \dfrac{24}{x^5}$

.

.

.

$f^{(n)}(x) = (-1)^n \cdot \dfrac{n!}{x^{n+1}}$

(d) $f(x) = \operatorname{sen} 3x$

$f'(x) = 3 \cos 3x$

$f''(x) = -9 \operatorname{sen} 3x \ = 3^2 \cdot \cos\left(3x + \dfrac{\pi}{2}\right)$

$f'''(x) = -27 \cos 3x = 3^3 \cdot \cos(3x + \pi)$

$f^{iv}(x) = 81 \operatorname{sen} 3x = 3^4 \cdot \cos\left(3x + \dfrac{3\pi}{2}\right)$

.

.

.

$f^{(n)}(x) = 3^n . \cos\left(3x + \dfrac{n-1}{2} \cdot \pi\right)$

(e) $f(x) = \log_7 2\,x$

$f'(x) = \dfrac{2}{2\,x} \cdot \dfrac{1}{\ln 7} = \dfrac{1}{x \cdot \ln 7}$

$f''(x) = -\dfrac{1}{x^2 \cdot \ln 7}$

$f'''(x) = \dfrac{2}{x^3 \cdot \ln 7}$

$f^{iv}(x) = -\dfrac{6}{x^4 \cdot \ln 7}$

.

.

.

$f^{(n)}(x) = (-1)^{n-1} . \dfrac{(n-1)!}{\ln 7} \cdot \dfrac{1}{x^n}$

(f) $f(x) = 3^{2x}$

$f'(x) = 3^{2x} \cdot 2 \cdot \ln 3$

$f''(x) = 3^{2x} \cdot 4 \cdot (\ln 3)^2$

$f'''(x) = 3^{2x} \cdot 8 \cdot (\ln 3)^3$

$f^{iv}(x) = 3^{2x} \cdot 16 \cdot (\ln 3)^4$

.

.

.

$f^{(n)}(x) = 3^{2x} \cdot (2 \ln 3)^n$

Derivação Implícita

6. (a) Derivando $6y - 3 = 5x^4y - 7x^2y^2$ em relação a x, obtemos

$$6y' = 20x^3y + 5x^4y' - 14xy^2 - 7x^2yy' \implies y'(6 - 5x^4 + 7x^2y) = 20x^3y - 14xy^2$$

$$y' = \frac{20x^3y - 14xy^2}{6 - 5x^4 + 7x^2y}.$$

(b) Derivando $3y^2 = \sqrt{x} - \sqrt{xy}$ em relação a x, obtemos

$$6y^2y' = \frac{1}{2\sqrt{x}} - \frac{1}{2} \cdot (x\,y)^{-1/2} \cdot (y + xy') \implies 6y^2y' = \frac{1}{2\sqrt{x}} - \frac{y + xy'}{2\sqrt{xy}}$$

$$y'(6y^2 + \frac{x}{2\sqrt{xy}}) = \frac{1}{2\sqrt{x}} - \frac{y}{2\sqrt{xy}} \implies y' = \frac{\dfrac{\sqrt{y} - y}{2\sqrt{xy}}}{\dfrac{12y^2\sqrt{xy} + x}{2\sqrt{xy}}} = \frac{\sqrt{y} - y}{12y^2\sqrt{xy} + x}.$$

(c) Derivando $x^5 - y^5 = (x - y)^3 - (x + y)^3$ em relação a x, obtemos

$$5x^4 - 5y^4y' = 3(x - y)^2 \cdot (1 - y') - 3(x + y)^2 \cdot (1 + y')$$

$$5x^4 - 5y^4y' = 3(x^2 - 2xy + y^2) \cdot (1 - y') - 3(x^2 + 2xy + y^2) \cdot (1 + y')$$

$$5x^4 - 5y^4y' = 3x^2 - 6xy + 3y^2 - 3x^2 - 6xy - 3y^2 + y'(-3x^2 + 6xy - 3y^2 - 3x^2 - 6xy - 3y^2)$$

$$5x^4 - 5y^4y' = -12xy + y'(-6x^2 - 6y^2)$$

$$y'(-6x^2 - 6y^2 + 5y^4) = 5x^4 + 12xy$$

$$\frac{dy}{dx} = -\frac{5x^4 + 12xy}{6x^2 + 6y^2 - 5y^4}.$$

Retas Tangente e Normal

7. $f(x) = x^2\text{sen}(x - 2)$

$f'(x) = 2x \cdot \text{sen}(x-2) + x^2 \cos(x-2)$

Reta tangente: $y - y_0 = f'(x_0)(x - x_0) \implies y - f(2) = f'(2)(x-2)$

$f(2) = 4 \cdot 0 = 0, \qquad f'(2) = 4 \cdot 0 + 4 \cdot 1 = 4$

$y = 4 \cdot (x-2) = 4x - 8$

Reta normal: $y - y_0 = -\dfrac{1}{f'(x_0)} \cdot (x - x_0)$

$y - f(2) = -\dfrac{1}{f'(2)} \cdot (x-2) \implies y = -\dfrac{1}{4}(x-2) = -\dfrac{1}{4}x + \dfrac{1}{2}$

8. $y = \ln x \quad \Rightarrow \quad y' = \dfrac{1}{x}$

A curva $y = \ln x$ cruza o eixo x no ponto $(1, 0)$. No ponto (1,0), $y' = 1$. O coeficiente angular da normal nesse ponto é $a_N = -\frac{1}{1} = -1$. A equação da reta normal é, portanto, $y - 0 = -(x-1)$ ou $x + y = 1$.

9. (a) $x^4 + 16y^2 = 17 \quad \Rightarrow \quad 4x^3 + 32yy' = 0$

$y' = -\dfrac{4x^3}{32y} = -\dfrac{x^3}{8y}, \qquad \left.\dfrac{dy}{dx}\right|_{(1,1)} = -\dfrac{1}{8}$

$y - y_0 = a_T(x - x_0), \qquad a_T = \left.\dfrac{dy}{dx}\right|_{(1,1)}$

$y - 1 = -\dfrac{1}{8}(x-1) \Rightarrow 8y - 8 = -x + 1 \Rightarrow x + 8y - 7 = 0$

(b) $x^3 + 8y^3 = 16 \Rightarrow 3x^2 + 24y^2y' = 0 \Rightarrow y' = -\dfrac{3x^2}{24y^2} = -\dfrac{x^2}{8y^2}$

$\left.\dfrac{dy}{dx}\right|_{(2,1)} = -\dfrac{4}{8 \cdot 1} = -\dfrac{1}{2}$

$y - y_0 = a_N(x - x_0), \qquad a_N = -\dfrac{1}{a_T} = -\dfrac{1}{\left.\frac{dy}{dx}\right|_{(1,1)}} = 2$

$y - 1 = 2(x-2) \Rightarrow y - 1 = 2x - 4 \Rightarrow 2x - y - 3 = 0$

(c) $x^{2/3} + y^{2/3} = 5$, $(1, 8)$

Derivando implicitamente, temos $\frac{2}{3}x^{-1/3} + \frac{2}{3}y^{-1/3} \cdot \dfrac{dy}{dx} = 0$. Logo, $\dfrac{dy}{dx} = -\dfrac{x^{-1/3}}{y^{-1/3}} = -\dfrac{y^{1/3}}{x^{1/3}}$.

No ponto (1,8), temos $\left.\dfrac{dy}{dx}\right|_{(1,8)} = -8^{1/3} = -2$. Assim, a equação da reta tangente é $y - 8 = -2(x-1)$, ou $y + 2x = 10$, e a equação da reta normal é $y - 8 = \frac{1}{2}(x-1)$, ou $2y - x = 15$.

Taxas Relacionadas

10. (a) O volume de água no reservatório mostrado na figura a seguir é dado pela fórmula $v = \frac{1}{3}\pi r^2 h$, onde: r é o raio do disco definido pela superfície livre do fluido e h é a profundidade.

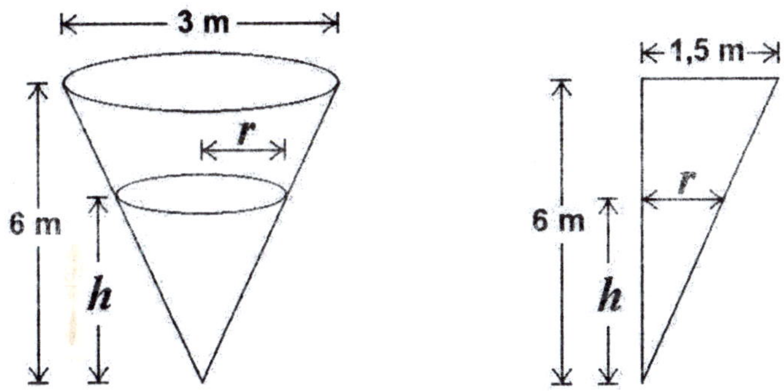

$$\frac{1,5}{6,0} = \frac{r}{h} \to r = \frac{h}{4} \quad \text{e} \quad v = \frac{1}{3}\pi \times \frac{h^2}{16} \times h = \frac{1}{48}\pi h^3$$

Logo,

$$\frac{dv}{dt} = \frac{1}{48}\pi \times 3\,h^2\,\frac{dh}{dt} = \frac{\pi}{16}\,h^2\,\frac{dh}{dt} \Rightarrow \left.\frac{dv}{dt}\right|_{h=4,8\,\text{m}} = \frac{\pi}{16} \times (4,8)^2 \times 1,6 = 7,24\,\text{m}^3/\text{min}.$$

A taxa de escoamento do fluido vale então: $8\,\text{m}^3/\text{min} - 7,24\,\text{m}^3/\text{min} = 0,76\,\text{m}^3/\text{min}$.

(b) Já que $A = \pi\, r^2 = \pi\,\frac{h^2}{16}$, temos que

$$\frac{dA}{dt} = \frac{\pi}{16} \times 2\,h \times \frac{dh}{dt} = \frac{\pi}{8}\,h\,\frac{dh}{dt} \Rightarrow \left.\frac{dA}{dt}\right|_{h=4,8\,\text{m}} = \frac{\pi}{8} \times 4,8 \times 1,6 \approx 3\,\text{m}^2/\text{min}.$$

(c) A área S da superfície de contato (área de um cone circular com base aberta) é dada por:

$$S = \pi\, r\,\sqrt{r^2 + h^2} = \pi\,\frac{h}{4}\sqrt{\frac{h^2}{16} + h^2} = \pi\,\frac{h}{4}\sqrt{\frac{h^2 + 16\,h^2}{16}} = \pi\,\frac{\sqrt{17}}{16}\,h^2 \Rightarrow \frac{dS}{dt} = \pi\,\frac{\sqrt{17}}{8}\,h\,\frac{dh}{dt}.$$

Tomando $h = 4,8\,\text{m}$, chegamos ao resultado

$$\left.\frac{dS}{dt}\right|_{h=4,8\,\text{m}} = \pi\,\frac{\sqrt{17}}{8} \times 4,8 \times 1,6 \approx 12,43\,\text{m}^2/\text{min}.$$

11. (a) Derivando a equação $y = x^2 + 1$ em relação ao tempo encontramos

$$\frac{dy}{dt} = 2\,x\,\frac{dx}{dt}.$$

As taxas de variação $\dfrac{dy}{dt}$ e $\dfrac{dx}{dt}$ são iguais quando $x = \frac{1}{2}$, ou seja, no ponto $(\frac{1}{2}, \frac{5}{4})$.

(b) Se $x = \text{sen}\,\theta$, então

$$\frac{dx}{dt} = \cos\theta.$$

Quando $x = \frac{1}{2}$,

$$\text{sen}\,\theta = \frac{1}{2} \Rightarrow \theta = \frac{\pi}{6}\text{rad} \Rightarrow \left.\frac{dx}{dt}\right|_{\theta=\pi/6\,\text{rad}} = \cos\frac{\pi}{6} = \frac{\sqrt{3}}{2} \approx 0,87\,\text{m/s}.$$

12. (a) Seja a área do triângulo, que é dada por $A = \dfrac{x \times y}{2}$. Então,

$$\frac{dA}{dt} = \frac{1}{2}\left(x\frac{dy}{dt} + y\frac{dx}{dt}\right) = \frac{1}{2}\left(5x + 2x^2\frac{dx}{dt}\right).$$

A taxa de variação da ordenada y é de 5 unidades/s. Derive a equação da parábola em relação ao tempo para obter:

$$\frac{d}{dt}y = \frac{d}{dt}2x^2 \to 5 = 4x\frac{dx}{dt} \to x\frac{dx}{dt} = \frac{5}{4}.$$

Quando $x = 2$ temos $\left.\dfrac{dx}{dt}\right|_{x=2} = \dfrac{5}{8}$ unidades/s .

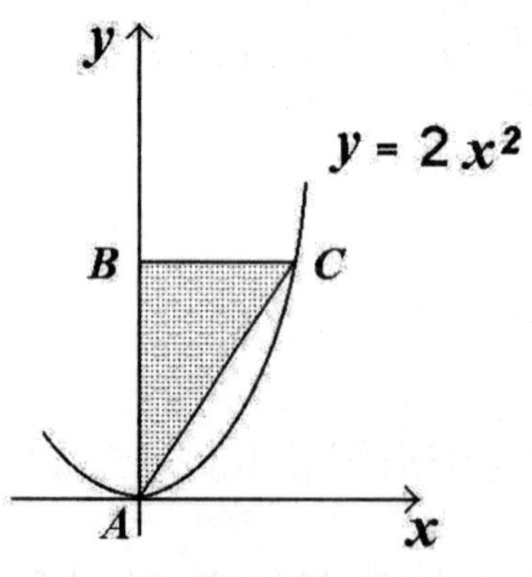

Logo,

$$\frac{dA}{dt}|_{x=2} = \frac{1}{2}\left(5\,x + 2\,x^2\,\frac{dx}{dt}\right)|_{x=2} = \frac{1}{2}\left(5 \times 2 + 2 \times 4 \times \frac{5}{8}\right) = \frac{15}{2} = 7,5\,\text{unidades}^2/\text{s}.$$

(b) Seja P o perímetro do triângulo. Temos que:

$$P = x + y + \sqrt{x^2 + y^2} = x + 2\,x^2 + \sqrt{x^2 + 4\,x^4}.$$

Daí,

$$\frac{dP}{dt} = (1 + 4\,x)\,\frac{dx}{dt} + \frac{1}{\sqrt{x^2 + 4\,x^4}}\,(x + 8\,x^3)\,\frac{dx}{dt} \Rightarrow \frac{dP}{dt}|_{x=2} = 10,63\,\text{unidades/s}.$$

13. Sejam r o raio, h a altura e V o volume do cilindro. O problema diz que

$$\begin{cases} h = a\,r + b \\ \dfrac{dh}{dt} = 3\dfrac{dr}{dt} \end{cases},$$

onde a e b são constantes que deverão ser determinadas. Derive a primeira equação do sistema acima e compare com a segunda. Fazendo isto, concluímos que $a = 3$. Logo, $h = 3\,r + b$. Quando $r = 1$, $h = 6$, o que implica que $6 = 3 + b$ e portanto $b = 3$. Além do mais,

$$V = \pi\,r^2\,h = \pi\,r^2\,(3\,r + 3) = 3\,\pi\,r^3 + 3\,\pi\,r^2 \Rightarrow \frac{dV}{dt} = 9\,\pi\,r^2\,\frac{dr}{dt} + 6\,\pi\,r\,\frac{dr}{dt}$$

e

$$\left.\frac{dV}{dt}\right|_{r=6\,\text{m}} = 3 \Rightarrow 3 = 9\,\pi \times 36\,\frac{dr}{dt} + 6\,\pi \times 6\,\frac{dr}{dt} \Rightarrow \frac{dr}{dt}\,(9 \times 36 \times \pi + 36 \times \pi) = 3 \Rightarrow \frac{dr}{dt} = \frac{1}{120\,\pi}\ \text{m/min.}$$

Por fim,

$$\left.\frac{dV}{dt}\right|_{r=5\,\text{m}} = \left.\left(9\,\pi\,r^2\,\frac{dr}{dt} + 6\,\pi\,r\,\frac{dr}{dt}\right)\right|_{r=5\,\text{m}} = 9 \times \pi \times 25 \times \frac{1}{120\,\pi} + 6 \times \pi \times 5 \times \frac{1}{120\,\pi} = 2,12\,\text{m}^3/\text{min.}$$

14. Sejam y_1 a distância da massa m ao solo, y_2 a distância de m a polia P, r a distância da polia ao caminhão C, e x, a distância horizontal da projeção vertical de m ao caminhão, conforme ilustra a figura a seguir. Definimos ainda $y_3 = y_1 - 2$. Como o comprimento da corda é fixo $r + y_2 = 60$ e, portanto,

$$\frac{dr}{dt} + \frac{dy_2}{dt} = 0 \to \frac{dr}{dt} = -\frac{dy_2}{dt}.$$

O que temos que determinar é $\dfrac{dy_1}{dt}$ quando $y_1 = 20$ m. Primeiro, note que

$$y_1 + y_2 = 30 \to \frac{dy_1}{dt} = -\frac{dy_2}{dt} = \frac{dr}{dt}.$$

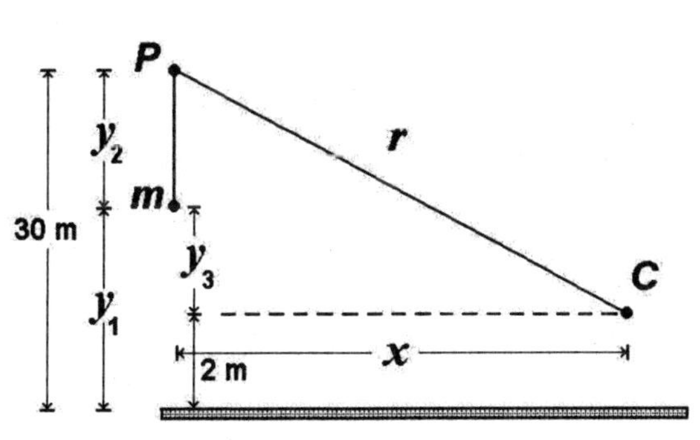

Da figura, vemos que

$$r^2 = x^2 + (y_2 + y_3)^2 = x^2 + (y_2 + y_1 - 2)^2.$$

Daí,

$$2\,r\,\frac{dr}{dt} = 2\,x\,\frac{dx}{dt} + 2\,(y_1 + y_2 - 2)\,(\frac{dy_1}{dt} + \frac{dy_2}{dt}).$$

Como $\frac{dy_1}{dt} = -\frac{dy_2}{dt}$, o último fator no lado direito da equação acima é nulo, e, portanto,

$$\frac{dr}{dt} = \frac{x}{r}\,\frac{dx}{dt} \Rightarrow \frac{dy_1}{dt} = \frac{x}{r}\,\frac{dx}{dt},$$

com $\frac{dx}{dt} = 5\text{m/s}$ sendo a velocidade do caminhão. Quando $y_1 = 20$, temos: $y_2 = 10$, $y_3 = 18$ e $r = 50$. Com isso,

$$x = \sqrt{r^2 - (y_2 + y_3)^2} = \sqrt{2500 - 784} = 41,4.$$

Finalmente,

$$\left.\frac{dy_1}{dt}\right|_{y_1 = 20\,\text{m}} = \left.\frac{x}{r}\,\frac{dx}{dt}\right|_{y_1 = 20\,\text{m}} = \frac{41,4}{50} \times 5 = 4,2\,\text{m/s}.$$

15. Sejam r a distância do barco ao farol e x sua projeção horizontal (veja a figura).

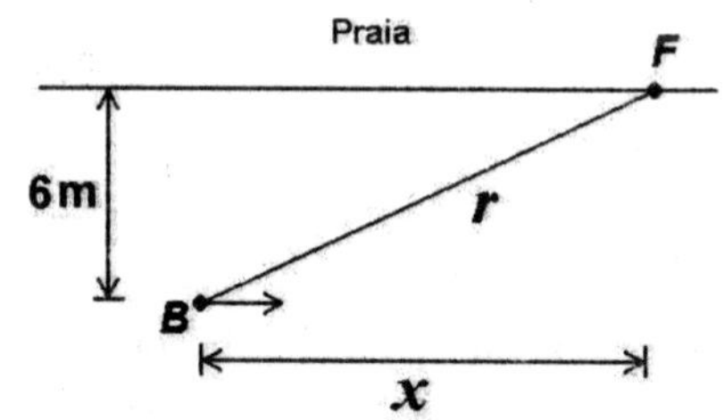

Então, $r^2 = x^2 + 36$ e

$$2r\frac{dr}{dt} = 2x\frac{dx}{dt} \Rightarrow \frac{dr}{dt} = \frac{x}{r}\frac{dx}{dt} = \frac{\sqrt{r^2 - 36}}{r}\frac{dx}{dt}.$$

Logo,

$$\left.\frac{dr}{dt}\right|_{x=7\text{km}} = \frac{\sqrt{7^2 - 36}}{7} \times 23 \simeq 11,8\text{km/h}.$$

16. Sejam r a distância da mão do homem ao barco e x a distância entre o barco e o cais, conforme figura a seguir.

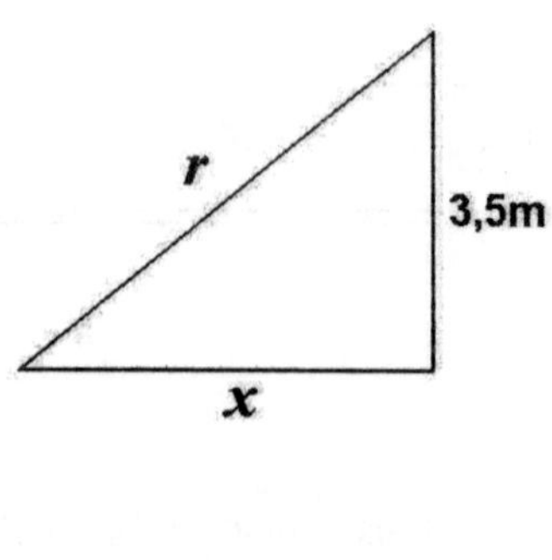

$$\int (\operatorname{tg} 3x + \operatorname{cotg} 3x)^2\, dx = \int \left(\operatorname{tg} 3x + \frac{1}{\operatorname{tg} 3x}\right)^2 dx = \int \left(\frac{\operatorname{tg}^2 3x + 1}{\operatorname{tg} 3x}\right)^2 dx$$

$$= \int \frac{(\sec^2 3x)^2}{\operatorname{tg}^2 3x}\, dx = \int \frac{\sec^2 3x}{\operatorname{tg}^2 3x} \sec^2 3x\, dx = \int \frac{\operatorname{tg}^2 3x + 1}{\operatorname{tg}^2 3x} \sec^2 3x\, dx.$$

Seja $u = \operatorname{tg} 3x$. Então, $du = 3 \sec^2 x\, dx$ e

$$\int (\operatorname{tg} 3x + \operatorname{cotg} 3x)^2\, dx = \int \frac{u^2+1}{u^2} \frac{du}{3} = \frac{1}{3} \int du + \frac{1}{3} \int u^{-2}\, du = \frac{u}{3} - \frac{u^{-1}}{3} + C$$

$$= \frac{1}{3} \operatorname{tg} 3x - \frac{1}{3} \operatorname{cotg} 3x + C.$$

(e) Temos que

$$\int \frac{\sec^4 x\, dx}{\sqrt{\operatorname{tg} x}} = \int \frac{\sec^2 x}{\sqrt{\operatorname{tg} x}} \sec^2 x\, dx = \int \frac{\operatorname{tg}^2 x + 1}{\sqrt{\operatorname{tg} x}} \sec^2 x\, dx.$$

Seja $u = \operatorname{tg} x$. Então, $du = \sec^2 x\, dx$ e

$$\int \frac{\sec^4 x\, dx}{\sqrt{\operatorname{tg} x}} = \int \frac{u^2+1}{\sqrt{u}}\, du = \int (u^{3/2} + u^{-1/2})\, du = \frac{2}{5} u^{5/2} + 2\, u^{1/2} + C$$

$$= \frac{2}{5} \operatorname{tg}^{5/2} x + 2 \sqrt{\operatorname{tg} x} + C.$$

Integração por Partes

5. (a) Sejam $u = (\ln x)^3$ e $dv = dx$. Então, $du = 3\,(\ln x)^2 \frac{1}{x}\, dx$ e $v = x$, e

$$\int (\ln x)^3\, dx = x\,(\ln x)^3 - 3 \int x\,(\ln x)^2\, \frac{1}{x}\, dx = x\,(\ln x)^3 - 3 \int (\ln x)^2\, dx.$$

Vamos calcular a integral no lado direito da equação anterior por partes:

$$\int (\ln x)^2\, dx = x\,(\ln x)^2 - 2 \int (\ln x) \frac{1}{x}\, x\, dx = x\,(\ln x)^2 - 2 \int (\ln x)\, dx\,,$$

onde $u = (\ln x)^2$, $dv = dx$, $du = 2\,(\ln x)\dfrac{1}{x}\, dx$ e $v = x$. A última integral já foi resolvida por partes. Segue então que

$$\int (\ln x)^3\, dx = x\,(\ln x)^3 - 3 \int (\ln x)^2\, dx = x\,(\ln x)^3 - 3[x\,(\ln x)^2 - 2\,x\, \ln x + 2\,x] + C$$

$$= x\,(\ln x)^3 - 3x\,(\ln x)^2 + 6\,x\, \ln x - 6\,x + C.$$

(b) Sejam $u = x^2$ e $dv = e^{-x}\,dx$. Então, $du = 2x\,dx$, $v = -e^{-x}$ e

$$\int x^2\,e^{-x}\,dx = x^2\,(-e^{-x}) - \int (-e^{-x})\,2x\,dx = -x^2e^{-x} + 2\int x\,e^{-x}\,dx.$$

Integre por partes novamente. Sejam $u = x$ e $dv = e^{-x}\,dx$. Então, $du = dx$, $v = -e^{-x}$ e

$$\int x^2\,e^{-x}\,dx = -x^2e^{-x} + 2\left[-xe^{-x} + \int e^{-x}\,dx\right] = -x^2e^{-x} + 2(-x\,e^{-x} - e^{-x}) + C$$

$$= -x^2e^{-x} - 2\,x\,e^{-x} - 2e^{-x} + C = -e^{-x}\,(x^2 + 2x + 2) + C.$$

(c) Sejam $u = \ln\,x^2 = 2\,\ln\,x$ e $dv = \frac{dx}{x^2}$. Então, $du = \frac{2}{x}\,dx$, $v = -\frac{1}{x}$ e

$$\int \frac{\ln\,x^2}{x^2}\,dx = -\frac{1}{x}\,2\,\ln\,x + 2\int \frac{dx}{x^2} = -\frac{2}{x}\,\ln\,x - \frac{2}{x} + C.$$

(d) Sejam $u = x$ e $dv = \sec^2\,x\,dx$. Então, $du = dx$, $v = \operatorname{tg} x$ e

$$\int x\,\sec^2\,x\,dx = x\,\operatorname{tg} x - \int \operatorname{tg} x\,dx = x\,\operatorname{tg} x - \int \frac{\operatorname{sen} x}{\cos\,x}\,dx = x\,\operatorname{tg} x + \ln|\cos\,x| + C.$$

(e) Primeiro faça a substituição : $t = \sqrt{x}$, $dt = \frac{1}{2}\,x^{-1/2}\,dx$ ou $dx = 2\,t\,dt$.

$$\int \operatorname{arctg}\sqrt{x}\,dx = 2\int t\operatorname{arctg} t\,dt$$

Sejam $u = \operatorname{arctg} t$ e $dv = t\,dt$. Então, $du = \frac{dt}{1+t^2}$, $v = \frac{t^2}{2}$ e

$$\int t\operatorname{arctg} t\,dt = \frac{t^2}{2}\operatorname{arctg} t - \frac{1}{2}\int \frac{t^2}{t^2+1}\,dt$$

$$= \frac{t^2}{2}\,\operatorname{arctg} t - \frac{1}{2}\int \left(1 - \frac{1}{t^2+1}\right)\,dt = \frac{t^2}{2}\,\operatorname{arctg} t - \frac{t}{2} + \frac{1}{2}\operatorname{arctg} t + C.$$

Logo,

$$\int \operatorname{arctg}\sqrt{x}\,dx = x\operatorname{arctg}\sqrt{x} - \sqrt{x} + \operatorname{arctg}\sqrt{x} + C.$$

Substituição Trigonométrica

6. (a) Seja $x = \sqrt{5}\operatorname{sen}\theta$. Então, $dx = \sqrt{5}\,\cos\,\theta\,d\theta$, $(5 - x^2)^{1/2} = \sqrt{5}\,\cos\,\theta$ e

$$\int \frac{dx}{(5 - x^2)^{3/2}} = \int \frac{\sqrt{5}\,\cos\,\theta\,d\theta}{(\sqrt{5}\,\cos\,\theta)^3} = \frac{1}{5}\int \frac{1}{\cos^2\,\theta}\,d\theta = \frac{1}{5}\,\operatorname{tg}\theta + C = \frac{1}{5}\,\frac{x}{\sqrt{5 - x^2}} + C.$$

(b) Seja $x = 5\operatorname{sen}\theta$. Então, $dx = 5\cos\theta\,d\theta$, $\sqrt{25-x^2} = 5\cos\theta$ e

$$\int \frac{dx}{x\sqrt{25-x^2}} = \int \frac{5\cos\theta\,d\theta}{5\operatorname{sen}\theta \times 5\cos\theta} - \frac{1}{5}\int \frac{d\theta}{\operatorname{sen}\theta} = \frac{1}{5}\int \operatorname{cosec}\theta\,d\theta$$

$$= \frac{1}{5}\ln|\operatorname{cosec}\theta - \operatorname{cotg}\theta| + C = \frac{1}{5}\ln\left|\frac{1}{\operatorname{sen}\theta} - \frac{\cos\theta}{\operatorname{sen}\theta}\right| + C = \frac{1}{5}\ln\left|\frac{1-\cos\theta}{\operatorname{sen}\theta}\right| + C$$

$$= \frac{1}{5}\ln\left|\frac{5-\sqrt{25-x^2}}{x}\right| + C.$$

(c) Seja $u = \sqrt{7}\sec\theta$. Então, $dx = \sqrt{7}\sec\theta\,\operatorname{tg}\theta\,d\theta$, $\sqrt{x^2-7} = \sqrt{7}\operatorname{tg}\theta$ e

$$\int \frac{dx}{x^2\sqrt{x^2-7}} = \int \frac{\sqrt{7}\sec\theta\,\operatorname{tg}\theta\,d\theta}{7\sec^2\theta\,\sqrt{7}\,\operatorname{tg}\theta} = \frac{1}{7}\int \frac{d\theta}{\sec\theta} = \frac{1}{7}\int \cos\theta\,d\theta$$

$$= \frac{1}{7}\operatorname{sen}\theta + C = \frac{1}{7}\frac{\sqrt{x^2-7}}{x} + C.$$

(d) Seja $x = \sqrt{2}\operatorname{tg}\theta$. Então, $dx = \sqrt{2}\sec^2\theta\,d\theta$, $(x^2+3)^{1/2} = \sqrt{2}\sec\theta$ e

$$\int \frac{dx}{(x^2+2)^{3/2}} = \int \frac{\sqrt{2}\sec^2\theta\,d\theta}{(\sqrt{2}\sec\theta)^3} = \frac{1}{2}\int \frac{d\theta}{\sec\theta} = \frac{1}{2}\int \cos\theta\,d\theta = \frac{1}{2}\operatorname{sen}\theta + C$$

$$= \frac{1}{2}\frac{x}{\sqrt{x^2+2}} + C.$$

(e) Temos que

$$\int \frac{x\,dx}{(x^2+3x+4)^2} = \int \frac{x\,dx}{\left[\left(x+\frac{3}{2}\right)^2 + \frac{7}{4}\right]^2} = \int \frac{16\,x\,dx}{[(2x+3)^2+7]^2}.$$

Seja $u = 2x+3$. Então, $du = 2\,dx$, $x = (u-3)/2$ e

$$\int \frac{x\,dx}{(x^2+3x+4)^2} = \int \frac{16\,x\,dx}{[(2x+3)^2+7]^2} = 4\int \frac{(u-3)\,du}{(u^2+7)^2} = 4\int \frac{u\,du}{(u^2+7)^2} - 12\int \frac{du}{(u^2+7)^2}.$$

Cálculo de $\displaystyle\int \frac{u\,du}{(u^2+7)^2}$

Seja $t = u^2+7$. Então, $dt = 2\,u\,du$ e

$$\int \frac{u\,du}{(u^2+7)^2} = \frac{1}{2}\int \frac{dt}{t^2} = \frac{1}{2}\frac{t^{-1}}{(-1)} + C = -\frac{1}{2t} + C = -\frac{1}{2(u^2+7)} + C.$$

Cálculo de $\displaystyle\int \frac{du}{(u^2+7)^2}$

Seja $u = \sqrt{7}\,\mathrm{tg}\,\theta$. Então, $du = \sqrt{7}\sec^2\theta\,d\theta$, $u^2+7 = 7\sec^2\theta$ e

$$\int \frac{du}{(u^2+7)^2} = \int \frac{\sqrt{7}\sec^2\theta\,d\theta}{49\sec^4\theta} = \frac{\sqrt{7}}{49}\int \cos^2\theta\,d\theta = \frac{\sqrt{7}}{49}\int \frac{1+\cos 2\theta\,d\theta}{2}$$

$$= \frac{\sqrt{7}}{98}\,\theta + \frac{\sqrt{7}}{98}\,\frac{\mathrm{sen}\,2\theta}{2} + C = \frac{\sqrt{7}}{98}\,\theta + \frac{\sqrt{7}}{98}\,\mathrm{sen}\,\theta\,\cos\theta = \frac{\sqrt{7}}{98}\,\theta + \frac{\sqrt{7}}{98}\,\frac{\mathrm{tg}\,\theta}{\sec^2\theta} + C$$

$$= \frac{\sqrt{7}}{98}\,\mathrm{arctg}\,\frac{u}{\sqrt{7}} + \frac{\sqrt{7}}{98}\,\frac{\sqrt{7}\,u}{u^2+7} + C = \frac{\sqrt{7}}{98}\,\mathrm{arctg}\,\frac{u}{\sqrt{7}} + \frac{7}{98}\,\frac{u}{u^2+7} + C.$$

Finalmente,

$$\int \frac{x\,dx}{(x^2+3x+4)^2} = 4\int \frac{u\,du}{(u^2+7)^2} - 12\int \frac{du}{(u^2+7)^2}$$

$$= -\frac{2}{u^2+7} - \frac{6\sqrt{7}}{49}\,\mathrm{arctg}\,\frac{u}{\sqrt{7}} - \frac{42}{49}\,\frac{u}{u^2+7} + C$$

$$= \frac{-1}{2\,(x^2+3x+4)} - \frac{6\sqrt{7}}{49}\,\mathrm{arctg}\,\frac{2x+3}{\sqrt{7}} - \frac{21}{98}\,\frac{2x+3}{x^2+3x+4} + C.$$

(f) Seja $u = e^x$. Então, $du = e^x\,dx$ ou $dx = \frac{du}{u}$, e

$$\int \frac{\sqrt{16-e^{2x}}}{e^x}\,dx = \int \frac{\sqrt{16-u^2}}{u}\,\frac{du}{u} = \int \frac{\sqrt{16-u^2}}{u^2}\,du.$$

Seja $u = 4\,\mathrm{sen}\,\theta$. Então, $du = 4\cos\theta\,d\theta$, $\sqrt{16-u^2} = 4\cos\theta$ e

$$\int \frac{\sqrt{16-u^2}}{u^2}\,du = \int \frac{4\cos\theta}{16\,\mathrm{sen}^2\,\theta} \times 4\cos\theta\,d\theta = \int \mathrm{cotg}^2\,\theta\,d\theta = \int (\mathrm{cosec}^2\,\theta - 1)\,d\theta$$

$$= -\mathrm{cotg}\,\theta - \theta + C = -\frac{\cos\theta}{\mathrm{sen}\,\theta} - \theta + C = -\frac{\sqrt{16-u^2}}{u} - \mathrm{arcsen}\,\frac{u}{4} + C.$$

Segue que

$$\int \frac{\sqrt{16-e^{2x}}}{e^x}\,dx = -\frac{\sqrt{16-e^{2x}}}{e^x} - \mathrm{arcsen}\,\frac{e^x}{4} + C.$$

(g) Seja $x = \sqrt{2}\,\mathrm{tg}\,\theta$. Então, $dx = \sqrt{2}\sec^2\theta\,d\theta$, $\sqrt{2x^2+4} = 2\sec\theta$ e

$$\int \frac{x^3\,dx}{\sqrt{2x^2+4}} = \int \frac{(\sqrt{2})^3\,\mathrm{tg}^3\,\theta \times \sqrt{2}\sec^2\theta\,d\theta}{2\sec\theta} = 2\int \mathrm{tg}^3\,\theta\,\sec\theta\,d\theta$$

$$= 2\int \mathrm{tg}^2\,\theta\;\mathrm{tg}\,\theta\,\sec\theta\,d\theta = 2\int (\sec^2\theta - 1)\,\mathrm{tg}\,\theta\,\sec\theta\,d\theta.$$

Seja $u = \sec\theta$. Então, $du = \sec\theta\ \mathrm{tg}\,\theta\, d\theta$ e

$$\int \mathrm{tg}^3\,\theta\ \sec\theta\, d\theta = \int (u^2-1)\,du = \frac{1}{3}\,u^3 - u + C = \frac{1}{3}\sec^3\theta - \sec\theta + C.$$

Daí,

$$\int \frac{x^3\,dx}{\sqrt{2x^2+4}} = 2\int \mathrm{tg}^3\,\theta\ \sec\theta\, d\theta = \frac{2}{3}\sec^3\theta - 2\sec\theta + C$$

$$= \frac{2}{3}\,\frac{(2x^2+4)^{3/2}}{8} - \sqrt{2x^2+4} + C = \frac{1}{12}\,(2x^2+4)^{3/2} - \sqrt{2x^2+4} + C.$$

(h) Seja $x = 4\sec\theta$. Então, $dx = 4\sec\theta\ \mathrm{tg}\,\theta\, d\theta$, $\sqrt{x^2-16} = 4\,\mathrm{tg}\,\theta$ e

$$\int x^2\sqrt{x^2-16}\,dx = \int 16\sec^2\theta \times 4\ \mathrm{tg}\,\theta \times 4\sec\theta\ \mathrm{tg}\,\theta\, d\theta$$

$$= 256\int \sec^3\theta\ \mathrm{tg}^2\,\theta\, d\theta = 256\int \sec^2\theta\ \mathrm{tg}\,\theta\ \sec\theta\ \mathrm{tg}\,\theta\, d\theta.$$

Use integração por partes. Sejam $u = \mathrm{tg}\,\theta\ \sec^2\theta$ e $dv = \sec\theta\ \mathrm{tg}\,\theta\, d\theta$. Então, $du = (\sec^4\theta + 2\,\mathrm{tg}^2\,\theta\ \sec^2\theta)\,d\theta$, $v = \sec\theta$ e

$$\int \mathrm{tg}^2\,\theta\ \sec^3\theta\, d\theta = \mathrm{tg}\,\theta\ \sec^3\theta - \int \sec^5\theta\, d\theta - 2\int \mathrm{tg}^2\,\theta\ \sec^3\theta\, d\theta.$$

Daí,

$$\int \mathrm{tg}^2\,\theta\ \sec^3\theta\, d\theta = \mathrm{tg}\,\theta\ \sec^3\theta - \int (3\,\mathrm{tg}^2\,\theta + 1)\sec^3\theta\, d\theta$$

$$4\int \mathrm{tg}^2\,\theta\ \sec^3\theta\, d\theta = \mathrm{tg}\,\theta\ \sec^3\theta - \int \sec^3\theta\, d\theta$$

$$= \mathrm{tg}\,\theta\ \sec^3\theta - \frac{1}{2}\,\mathrm{tg}\,\theta\ \sec\theta - \frac{1}{2}\ln|\sec\theta + \mathrm{tg}\,\theta| + C.$$

Aqui usamos o cálculo de $\int \sec^3\theta\, d\theta$ feito na seção de integração por partes. Finalmente,

$$\int x^2\sqrt{x^2-16}\,dx = 256\int \sec^3\theta\ \mathrm{tg}^2\,\theta\, d\theta$$

$$= 64\ \mathrm{tg}\,\theta\ \sec^3\theta - 32\ \mathrm{tg}\,\theta\ \sec\theta - 32\ln|\sec\theta + \mathrm{tg}\,\theta| + C$$

$$= 64 \times \frac{x^3}{64} \times \frac{\sqrt{x^2-16}}{4} - 32 \times \frac{x}{4} \times \frac{\sqrt{x^2-16}}{4} - 32\ln\left|\frac{x}{4} + \frac{\sqrt{x^2-16}}{4}\right| + C$$

$$= \frac{1}{4}\,x^3\sqrt{x^2-16} - 2x\sqrt{x^2-16} - 32\ln\left|\frac{x+\sqrt{x^2-16}}{4}\right| + C.$$

(i) Seja $x = \frac{3}{2}\sec\theta$. Então, $dx = \frac{3}{2}\sec\theta\ \text{tg}\,\theta\, d\theta$, $\sqrt{4x^2-9} = 3\,\text{tg}\,\theta$ e

$$\int \frac{dx}{x^4\sqrt{4x^2-9}}\,dx = \int \frac{(3/2)\sec\theta\ \text{tg}\,\theta\,d\theta}{(3/2)^4\sec^4\theta\times 3\ \text{tg}\,\theta}$$

$$= \frac{8}{81}\int\frac{d\theta}{\sec^3\theta} = \frac{8}{81}\int\cos^3\theta\,d\theta = \frac{8}{81}\int\cos\theta\,(1-\text{sen}^2\,\theta)\,d\theta$$

$$= \frac{8}{81}\,\text{sen}\,\theta - \frac{8}{243}\,\text{sen}^3\,\theta + C = \frac{8}{81}\,\frac{\sqrt{4x^2-9}}{2x} - \frac{8}{243}\,\frac{(4x^2-9)^{3/2}}{8x^3} + C$$

$$= \frac{4}{81}\,\frac{\sqrt{4x^2-9}}{x} - \frac{1}{243}\,\frac{(4x^2-9)^{3/2}}{x^3} + C = \frac{1}{243}\,\frac{\sqrt{4x^2-9}\,(8x^2+9)}{x^3} + C.$$

(j) Seja $\sqrt{3}\,x = 2\,\text{sen}\,\theta$. Então, $dx = \frac{2}{\sqrt{3}}\cos\theta\,d\theta$, $\sqrt{4-3x^2} = 2\cos\theta$ e

$$\int\frac{x^3}{\sqrt{4-3x^2}}\,dx = \int\left(\frac{\left(\frac{2\,\text{sen}\,\theta}{\sqrt{3}}\right)^3}{2\cos\theta}\times\frac{2}{\sqrt{3}}\cos\theta\right)d\theta = \frac{8}{9}\int\text{sen}^3\,\theta\,d\theta = \frac{8}{9}\int\text{sen}\,\theta\,(1-\cos^2\theta)\,d\theta$$

$$= \frac{8}{9}\int\text{sen}\,\theta\,d\theta - \frac{8}{9}\int\text{sen}\,\theta\ \cos^2\theta\,d\theta = -\frac{8}{9}\cos\theta + \frac{8}{27}\cos^3\theta + C$$

$$= -\frac{8}{9}\,\frac{\sqrt{4-3x^2}}{2} + \frac{8}{27}\,\frac{(4-3x^2)^{3/2}}{8} + C = -\frac{4}{9}\sqrt{4-3x^2} + \frac{1}{27}(4-3x^2)^{3/2} + C.$$

(l) Seja $x = 2\sec\theta$. Então, $dx = 2\sec\theta\ \text{tg}\,\theta\,d\theta$, $\sqrt{x^2-4} = 2\,\text{tg}\,\theta$ e

$$\int x^3\sqrt{x^2-4}\,dx = \int 2^3\sec^3\theta\cdot 2\ \text{tg}\,\theta\cdot 2\sec\theta\ \text{tg}\,\theta\,d\theta = 2^5\int\sec^4\theta\ \text{tg}^2\,\theta\,d\theta$$

$$= 2^5\int(\text{tg}^2\,\theta+1)\sec^2\theta\ \text{tg}^2\,\theta\,d\theta.$$

Seja $u = \text{tg}\,\theta$. Então, $du = \sec^2\theta\,d\theta$ e

$$\int\sec^4\theta\ \text{tg}^2\,\theta\,d\theta = \int(u^2+1)\,u^2\,du = \int(u^4+u^2)\,du = \frac{u^5}{5}+\frac{u^3}{3}+C$$

$$= \frac{1}{5}\,\text{tg}^5\,\theta + \frac{1}{3}\,\text{tg}^3\,\theta + C.$$

Daí,

$$\int x^3\sqrt{x^2-4}\,dx = 2^5\int\sec^4\theta\ \text{tg}^2\,\theta\,d\theta = \frac{2^5}{5}\,\frac{(x^2-4)^{5/2}}{2^5} + \frac{2^5}{3}\,\frac{(x^2-4)^{3/2}}{2^3} + C$$

$$= \frac{1}{5}(x^2-4)^{5/2} + \frac{4}{3}(x^2-4)^{3/2} + C.$$

(m) Seja $x = 2\,\text{tg}\,\theta$. Então, $dx = 2\sec^2\theta\,d\theta$, $\sqrt{x^2+4} = 2\sec\theta$ e

$$\int \frac{dx}{x\sqrt{x^2+4}} = \int \frac{2\sec^2\theta\,d\theta}{2\,\text{tg}\,\theta\, 2\sec\theta} = \frac{1}{2}\int \frac{d\theta}{\text{sen}\,\theta} = \frac{1}{2}\int \text{cosec}\,\theta\,d\theta$$

$$= \frac{1}{2}\ln|\text{cosec}\,\theta - \text{cotg}\,\theta| + C = \frac{1}{2}\ln\left|\frac{\sqrt{x^2+4}}{x} - \frac{2}{x}\right| + C.$$

(n) Seja $x = 2\,\text{tg}\,\theta$. Então, $dx = 2\sec^2\theta\,d\theta$, $\sqrt{x^2+4} = 2\sec\theta$ e

$$\int x^2\sqrt{4+x^2}\,dx = \int 4\,\text{tg}^2\,\theta\cdot 2\sec\theta\cdot 2\sec^2\theta\,d\theta$$

$$= 16\int \text{tg}\,\theta\,\sec^2\theta\,\sec\theta\,\text{tg}\,\theta\,d\theta = 16\int \text{tg}^2\,\theta\,\sec^3\theta\,d\theta$$

$$= 16\int \text{tg}\,\theta\,\sec^2\theta\,\sec\theta\,\text{tg}\,\theta\,d\theta.$$

Integre por partes. Sejam $u = \text{tg}\,\theta\,\sec^2\theta$ e $dv = \sec\theta\,\text{tg}\,\theta\,d\theta$. Então, $du = (\sec^4\theta + 2\,\text{tg}^2\,\theta\,\sec^2\theta)\,d\theta$, $v = \sec\theta$ e

$$\int \text{tg}^2\,\theta\,\sec^3\theta\,d\theta = \text{tg}\,\theta\,\sec^3\theta - \int \sec^5\theta\,d\theta - 2\int \text{tg}^2\,\theta\,\sec^3\theta\,d\theta.$$

Daí,

$$3\int \text{tg}^2\,\theta\,\sec^3\theta\,d\theta = \text{tg}\,\theta\,\sec^3\theta - \int (\text{tg}^2\,\theta + 1)\sec^3\theta\,d\theta$$

e

$$4\int \text{tg}^2\,\theta\,\sec^3\theta\,d\theta = \text{tg}\,\theta\,\sec^3\theta - \int \sec^3\theta\,d\theta$$

$$= \text{tg}\,\theta\,\sec^3\theta - \frac{1}{2}\,\text{tg}\,\theta\,\sec\theta - \frac{1}{2}\ln|\sec\theta + \text{tg}\,\theta| + C.$$

Aqui usamos o cálculo de $\int \sec^3\theta\,d\theta$ feito na seção de integração por partes. Finalmente,

$$\int x^2\sqrt{4+x^2}\,dx = 16\int \text{tg}^2\,\theta\,\sec^3\theta\,d\theta$$

$$= 4\left\{\text{tg}\,\theta\,\sec^3\theta - \frac{1}{2}\,\text{tg}\,\theta\,\sec\theta - \frac{1}{2}\ln|\sec\theta + \text{tg}\,\theta|\right\} + C$$

$$= 4\times\frac{x}{2}\times\frac{(x^2+4)^{3/2}}{8} - 2\times\frac{x}{2}\times\frac{\sqrt{x^2+4}}{2} - 2\ln\left|\frac{\sqrt{x^2+4}}{2} + \frac{x}{2}\right| + C$$

$$= \frac{1}{4}x(x^2+4)^{3/2} - \frac{1}{2}x\sqrt{x^2+4} - 2\ln\left|\frac{\sqrt{x^2+4}+x}{2}\right| + C.$$

(o) Temos que

$$\int \frac{x^3\,dx}{\sqrt{x^4-2\,x^2-1}} = \int \frac{x^3\,dx}{\sqrt{(x^2-1)^2-2}}.$$

Seja $u = x^2 - 1$. Então, $du = 2\,x\,dx$, $x^2 = u + 1$ e

$$\int \frac{x^3\,dx}{\sqrt{x^4-2\,x^2-1}} = \frac{1}{2}\int \frac{u+1}{\sqrt{u^2-2}}\,du.$$

Seja $u = \sqrt{2}\sec\theta$. Então, $du = \sqrt{2}\sec\theta\ \mathrm{tg}\,\theta\,d\theta$, $\sqrt{u^2-2} = \sqrt{2}\,\mathrm{tg}\,\theta$ e

$$\int \frac{u+1}{\sqrt{u^2-2}}\,du = \int \frac{\sqrt{2}\sec\theta+1}{\sqrt{2}\,\mathrm{tg}\,\theta}\cdot\sqrt{2}\sec\theta\ \mathrm{tg}\,\theta\,d\theta = \sqrt{2}\int \sec^2\theta\,d\theta + \int \sec\theta\,d\theta$$

$$= \sqrt{2}\ \mathrm{tg}\,\theta + \ln|\sec\theta + \mathrm{tg}\,\theta| + C = \sqrt{u^2-2} + \ln\left|\frac{u}{\sqrt{2}} + \frac{\sqrt{u^2-2}}{\sqrt{2}}\right| + C.$$

Daí,

$$\int \frac{x^3\,dx}{\sqrt{x^4-2\,x^2-1}} = \frac{1}{2}\int \frac{u+1}{\sqrt{u^2-2}}\,du = \frac{1}{2}\sqrt{u^2-2} + \frac{1}{2}\ln\left|\frac{u}{\sqrt{2}} + \frac{\sqrt{u^2-2}}{\sqrt{2}}\right| + C$$

$$= \frac{1}{2}\sqrt{(x^2-1)^2-2} + \frac{1}{2}\ln\left|\frac{x^2-1}{\sqrt{2}} + \frac{\sqrt{(x^2-1)^2-2}}{\sqrt{2}}\right| + C$$

$$= \frac{1}{2}\sqrt{x^4-2x^2-1} + \frac{1}{2}\ln\left|\frac{x^2-1+\sqrt{x^4-2x^2-1}}{\sqrt{2}}\right| + C.$$

Frações Parciais

7. (a) Decomposição em frações parciais:

$$\frac{x}{x^2+x-6} = \frac{x}{(x-2)\,(x+3)} = \frac{A}{x-2} + \frac{B}{x+3} = \frac{A\,(x+3)+B\,(x-2)}{(x-2)\,(x+3)}.$$

Então,

$A\,(x+3) + B\,(x-2) = x.$

Determinação das constantes:

$$x = 2 \quad\Rightarrow\quad 5\,A = 2 \quad\Rightarrow\quad A = 2/5$$

$$x = -3 \quad\Rightarrow\quad -5\,B = -3 \quad\Rightarrow\quad B = 3/5$$

Logo,

$$\frac{x}{x^2+x-6} = \frac{2/5}{x-2} + \frac{3/5}{x+3}.$$

Daí,

$$\int \frac{x\,dx}{x^2+x-6} = \frac{2}{5}\int \frac{dx}{x-2} + \frac{3}{5}\int \frac{dx}{x+3} = \frac{2}{5}\ln|x-2| + \frac{3}{5}\ln|x+3| + C.$$

(b) Decomposição em frações parciais:

$$\frac{1}{(x+1)\,(x^2+1)} = \frac{A}{x+1} + \frac{B\,x+C}{x^2+1} = \frac{A\,(x^2+1)+(B\,x+C)\,(x+1)}{(x+1)\,(x^2+1)}.$$

Então,

$$A\,(x^2+1)+(B\,x+C)\,(x+1) = 1.$$

Determinação das constantes:

$$\begin{array}{lll} x=-1 & \Rightarrow & 2\,A=1 \\ x=0 & \Rightarrow & A+C=1 \\ x=1 & \Rightarrow & 2\,A+2\,B+2\,C=1 \end{array} \quad \Rightarrow \quad \begin{cases} A=1/2 \\ B=-1/2 \\ C=1/2 \end{cases}$$

Logo,

$$\frac{1}{(x+1)\,(x^2+1)} = \frac{1/2}{x+1} + \frac{-1/2\,x}{x^2+1} + \frac{1/2}{x^2+1}.$$

Daí,

$$\int \frac{dx}{(x+1)\,(x^2+1)} = \frac{1}{2}\int \frac{dx}{x+1} - \frac{1}{4}\int \frac{2\,x\,dx}{x^2+1} + \frac{1}{2}\int \frac{dx}{x^2+1}$$

$$= \frac{1}{2}\ln|x+1| - \frac{1}{4}\ln|x^2+1| + \frac{1}{2}\operatorname{arctg} x + C'.$$

(c) Decomposição em frações parciais:

$$\frac{x+1}{x^2\,(x-1)} = \frac{A}{x} + \frac{B}{x^2} + \frac{C}{x-1} = \frac{A\,x\,(x-1)+B\,(x-1)+C\,x^2}{x^2\,(x-1)}.$$

Então,

$$A\,x\,(x-1)+B\,(x-1)+C\,x^2=x+1.$$

Determinação das constantes:

$$x=0 \;\Rightarrow\; -B=1\Rightarrow B=-1$$

$$x=1 \;\Rightarrow\; C=2$$

$$x=2 \;\Rightarrow\; 2\,A+B+4\,C=3\Rightarrow A=\tfrac{3-B-4\,C}{2}=-2$$

Logo,

$$\frac{x+1}{x^2\,(x-1)}=\frac{-2}{x}+\frac{-1}{x^2}+\frac{2}{x-1}.$$

Daí,

$$\int\frac{x+1}{x^2\,(x-1)}\,dx=-2\int\frac{dx}{x}-\int\frac{dx}{x^2}+2\int\frac{dx}{x-1}$$
$$=-2\,\ln|x|+\frac{1}{x}+2\,\ln|x-1|+C'.$$

(d) Decomposição em frações parciais:

$$\frac{x^2+1}{x^3-4x}=\frac{x^2+1}{x\,(x-2)\,(x+2)}=\frac{A}{x}+\frac{B}{x-2}+\frac{C}{x+2}$$
$$=\frac{A\,(x-2)\,(x+2)+B\,x\,(x+2)+C\,x\,(x-2)}{x\,(x-2)\,(x+2)}.$$

Então,

$$A\,(x-2)\,(x+2)+B\,x\,(x+2)+C\,x\,(x-2)=x^2+1.$$

Determinação das constantes:

$$x=0 \;\Rightarrow\; -4\,A=1 \;\Rightarrow\; A=-1/4$$

$$x=2 \;\Rightarrow\; 8\,B=5 \;\Rightarrow\; B=5/8$$

$$x=-2 \;\Rightarrow\; 8\,C=5 \;\Rightarrow\; C=5/8$$

Logo,

$$\frac{x^2+1}{x^3-4x}=\frac{-1/4}{x}+\frac{5/8}{x-2}+\frac{5/8}{x+2}.$$

Daí,

$$\int \frac{x^2+1}{x^3-4x}\,dx = -\frac{1}{4}\int \frac{dx}{x} + \frac{5}{8}\int \frac{dx}{x-2} + \frac{5}{8}\int \frac{dx}{x+2}$$

$$= -\frac{1}{4}\ln|x| + \frac{5}{8}\ln|x-2| + \frac{5}{8}\ln|x+2| + C'.$$

(e) Decomposição em frações parciais:

$$\frac{x^3+2x-1}{(x^2+1)(x^4+3x^2+2)} = \frac{x^3+2x-1}{(x^2+1)(x^2+1)(x^2+2)} = \frac{x^3+2x-1}{(x^2+1)^2(x^2+2)}$$

$$= \frac{Ax+B}{x^2+1} + \frac{Cx+D}{(x^2+1)^2} + \frac{Ex+F}{x^2+2}$$

$$= \frac{(Ax+B)(x^2+1)(x^2+2) + (Cx+D)(x^2+2) + (Ex+F)(x^2+1)^2}{(x^2+1)^2(x^2+2)}.$$

Então,

$$(Ax+B)(x^2+1)(x^2+2) + (Cx+D)(x^2+2) + (Ex+F)(x^2+1)^2$$

$$= (A+E)x^5 + (B+F)x^4 + (3A+C+2E)x^3 + (3B+D+2F)x^2$$

$$+ (2A+2C+E)x + 2B+2D+F = x^3+2x-1.$$

Determinação das constantes:

$$\begin{array}{l} A+E=0 \\ B+F=0 \\ 3A+C+2E=1 \\ 3B+D+2F=0 \\ 2A+2C+E=2 \\ 2B+2D+F=-1 \end{array} \Rightarrow \begin{cases} A=0 \\ B=1 \\ C=1 \\ D=-1 \\ E=0 \\ F=-1 \end{cases}$$

Logo,

$$\frac{x^3+2x-1}{(x^2+1)(x^4+3x^2+2)} = \frac{1}{x^2+1} + \frac{x-1}{(x^2+1)^2} + \frac{-1}{x^2+2}.$$

Daí,

$$\int \frac{(x^3+2x-1)\,dx}{(x^2+1)(x^4+3x^2+2)} = \int \frac{dx}{x^2+1} + \int \frac{x\,dx}{(x^2+1)^2} - \int \frac{dx}{(x^2+1)^2} - \int \frac{dx}{x^2+2}$$

$$= \operatorname{arctg} x - \frac{1}{2}\frac{1}{x^2+1} - \frac{1}{2}\operatorname{arctg} x - \frac{1}{2}\frac{x}{x^2+1} - \frac{\sqrt{2}}{2}\operatorname{arctg}\frac{x}{\sqrt{2}} + C'$$

$$= \frac{1}{2} \operatorname{arctg} x - \frac{1}{2} \frac{x+1}{x^2+1} - \frac{\sqrt{2}}{2} \operatorname{arctg} \frac{x}{\sqrt{2}} + C'.$$

(f) Decomposição em frações parciais:

$$\frac{1}{x^4-1} = \frac{1}{(x-1)(x^3+x^2+x+1)}$$

$$= \frac{1}{(x-1)(x+1)(x^2+1)} = \frac{A}{x-1} + \frac{B}{x+1} + \frac{Cx+D}{x^2+1}$$

$$= \frac{A(x+1)(x^2+1) + B(x-1)(x^2+1) + (Cx+D)(x-1)(x+1)}{(x-1)(x+1)(x^2+1)}.$$

Então,

$$A(x+1)(x^2+1) + B(x-1)(x^2+1) + (Cx+D)(x-1)(x+1) = 1.$$

Determinação das constantes:

$$\begin{array}{lll} x=1 & \Rightarrow & 4A=1 \\ x=-1 & \Rightarrow & -4B=1 \\ x=0 & \Rightarrow & A-B-D=1 \\ x=2 & \Rightarrow & A-B-D=1 \end{array} \Rightarrow \begin{cases} A=1/4 \\ B=-1/4 \\ C=0 \\ D=-1/2 \end{cases}$$

Logo,

$$\frac{1}{x^4-1} = \frac{1/4}{x-1} + \frac{-1/4}{x+1} + \frac{-1/2}{x^2+1}.$$

Daí,

$$\int \frac{dx}{x^4-1} = \frac{1}{4}\int \frac{dx}{x-1} - \frac{1}{4}\int \frac{dx}{x+1} - \frac{1}{2}\int \frac{dx}{x^2+1}$$

$$= \frac{1}{4} \ln|x-1| - \frac{1}{4} \ln|x+1| - \frac{1}{2} \operatorname{arctg} x + C'.$$

(g) Decomposição em frações parciais:

$$\frac{1}{x^3-5x^2+8x-4} = \frac{1}{(x-1)(x^2-4x+4)} = \frac{1}{(x-1)(x-2)^2}$$

$$= \frac{A}{x-1} + \frac{B}{x-2} + \frac{C}{(x-2)^2} = \frac{A(x-2)^2 + B(x-1)(x-2) + C(x-1)}{(x-1)(x-2)^2}.$$

Então,

$$A\,(x-2)^2 + B\,(x-1)\,(x-2) + C\,(x-1) = 1.$$

Determinação das constantes:

$$x = 1 \;\Rightarrow\; A = 1$$

$$x = 2 \;\Rightarrow\; C = 1$$

$$x = 0 \;\Rightarrow\; 4\,A + 2\,B - C = 1 \Rightarrow B = -1$$

Logo,

$$\frac{dx}{x^3 - 5x^2 + 8\,x - 4} = \frac{1}{x-1} + \frac{-1}{x-2} + \frac{1}{(x-2)^2}.$$

Daí,

$$\int \frac{dx}{x^3 - 5x^2 + 8\,x - 4} = \int \frac{dx}{x-1} - \int \frac{dx}{x-2} + \int \frac{dx}{(x-2)^2}$$

$$= \ln|x-1| - \ln|x-2| - \frac{1}{-2} + C' = \ln\frac{x-1}{x-2} - \frac{1}{x-2} + C'.$$

(h) Decomposição em frações parciais:

$$\frac{x^2}{4x^3 - 3x - 1} = \frac{x^2}{(x-1)\,(4\,x^2 + 4\,x + 1)}$$

$$= \frac{x^2}{(x-1)\,(2\,x+1)^2} = \frac{A}{x-1} + \frac{B}{2\,x+1} + \frac{C}{(2\,x+1)^2}$$

$$= \frac{A\,(2\,x+1)^2 + B\,(x-1)\,(2\,x+1) + C\,(x-1)}{(x-1)\,(2\,x+1)^2}.$$

Então,

$$A\,(2\,x+1)^2 + B\,(x-1)\,(2\,x+1) + C\,(x-1) = x^2.$$

Determinação das constantes:

$$x = 1 \;\Rightarrow\; 9\,A = 1 \;\Rightarrow\; A = 1/9$$

$$x = -\tfrac{1}{2} \;\Rightarrow\; -\tfrac{3}{2}C = \tfrac{1}{4} \;\Rightarrow\; C = -1/6$$

$$x = 0 \;\Rightarrow\; A - B - C = 0 \;\Rightarrow\; B = 5/18$$

Logo,

$$\frac{x^2}{4x^3 - 3x - 1} = \frac{1/9}{x-1} + \frac{5/18}{2\,x+1} + \frac{-1/6}{(2\,x+1)^2}.$$

Daí,

$$\int \frac{x^2\,dx}{4x^3 - 3x - 1} = \frac{1}{9}\int \frac{dx}{x-1} + \frac{5}{18}\int \frac{dx}{2\,x+1} - \frac{1}{6}\int \frac{dx}{(2\,x+1)^2}$$

$$= \frac{1}{9}\ln|x-1| + \frac{5}{36}\ln|2\,x+1| + \frac{1}{12}\,\frac{1}{2\,x+1} + C'.$$

(i) Decomposição em frações parciais:

$$\frac{x+7}{(x+1)\,(x^2-4x+3)} = \frac{x+7}{(x+1)\,(x-1)\,(x-3)} = \frac{A}{x+1} + \frac{B}{x-1} + \frac{C}{x-3}$$

$$= \frac{A\,(x-1)\,(x-3) + B\,(x+1)\,(x-3) + C\,(x+1)\,(x-1)}{(x+1)\,(x-1)\,(x-3).}$$

Então,

$$A\,(x-1)\,(x-3) + B\,(x+1)\,(x-3) + C\,(x+1)\,(x-1) = x+7.$$

Determinação das constantes:

$$x = -1 \;\Rightarrow\; A = 6 \;\Rightarrow\; A = 3/4$$

$$x = 1 \;\Rightarrow\; -4\,B = 8 \;\Rightarrow\; B = -2$$

$$x = 3 \;\Rightarrow\; 8\,C = 10 \;\Rightarrow\; C = 5/4$$

Logo,

$$\frac{x+7}{(x+1)\,(x^2-4x+3)} = \frac{3/4}{x+1} + \frac{(-2)}{x-1} + \frac{5/4}{x-3}.$$

Daí,

$$\int \frac{(x+7)\,dx}{(x+1)\,(x^2-4x+3)} = \frac{3}{4}\int \frac{dx}{x+1} - 2\int \frac{dx}{x-1} + \frac{5}{4}\int \frac{dx}{x-3}$$

$$= \frac{3}{4}\ln|x+1| - 2\ln|x-1| + \frac{5}{4}\ln|x-3| + C'.$$

(j) Seja $u = e^x$. Então $du = e^x\,dx$ e

$$\int \frac{e^{5x}\,dx}{(e^{2x}+1)^2} = \int \frac{e^{4x}}{(x^{2x}+1)^2}\,e^x\,dx = \int \frac{u^4}{(u^2+1)^2}\,du.$$

Reescreva o integrando na forma

$$\frac{u^4}{(u^2+1)^2} = \frac{u^4}{u^4+2\,u^2+1} = 1 - \frac{2\,u^2+1}{u^4+2\,u^2+1} = 1 - \frac{2\,u^2+1}{(u^2+1)^2}.$$

Decomposição em frações parciais:

$$\frac{2\,u^2+1}{(u^2+1)^2} = \frac{A\,u+B}{u^2+1} + \frac{C\,u+D}{(u^2+1)^2} = \frac{(A\,u+B)\,(u^2+1)+C\,u+D}{(u^2+1)^2}.$$

Então,

$$(A\,u+B)\,(u^2+1)+C\,u+D = 2\,u^2+1.$$

Determinação das constantes:

$$A = 0$$

$$B = 2$$

$$C + A = 0 \Rightarrow C = 0$$

$$B + D = 1 \Rightarrow D = -1$$

Portanto,

$$\frac{u^4}{(u^2+1)^2} = 1 - \frac{2}{u^2+1} - \frac{(-1)}{(u^2+1)^2}$$

e

$$\int \frac{u^4\,du}{(u^2+1)^2} = \int du - 2\int \frac{du}{u^2+1} + \int \frac{du}{(u^2+1)^2}$$

$$= u - 2\operatorname{arctg} u + \frac{1}{2}\operatorname{arctg} u + \frac{1}{2}\,\frac{u}{u^2+1} + C'.$$

Finalmente,

$$\int \frac{e^{5x}\,dx}{(e^{2x}+1)^2} = e^x - \frac{3}{2}\operatorname{arctg} e^x + \frac{1}{2}\,\frac{e^x}{e^{2x}+1} + C'.$$

(l) Decomposição em frações parciais:

$$\frac{x^2+1}{(x-3)\,(x^2+4x+3)} = \frac{x^2+1}{(x-3)\,(x+3)\,(x+1)} = \frac{A}{x-3} + \frac{B}{x+3} + \frac{C}{x+1}$$

$$= \frac{A\,(x+1)\,(x+3) + B\,(x+1)\,(x-3) + C\,(x-3)\,(x+3)}{(x-3)\,(x+3)\,(x+1)}.$$

Então,

$$A\,(x+1)\,(x+3)+B\,(x+1)\,(x-3)+C\,(x-3)\,(x+3)=x^2+1.$$

Determinação das constantes:

$$x=3 \;\Rightarrow\; 24\,A=10 \;\Rightarrow\; A=5/12$$

$$x=-3 \;\Rightarrow\; 12\,B=10 \;\Rightarrow\; B=5/6$$

$$x=-1 \;\Rightarrow\; -8\,C=2 \;\Rightarrow\; C=-1/4$$

Logo,

$$\frac{x^2+1}{(x-3)\,(x^2+4x+3)}=\frac{5/12}{x-3}+\frac{5/6}{x+3}+\frac{(-1/4)}{x+1}.$$

Daí,

$$\int\frac{(x^2+1)\,dx}{(x-3)\,(x^2+4x+3)}=\frac{5}{12}\int\frac{dx}{x-3}+\frac{5}{6}\int\frac{dx}{x+3}-\frac{1}{4}\int\frac{dx}{x+1}$$

$$=\frac{5}{12}\ln|x-3|+\frac{5}{6}\ln|x+3|-\frac{1}{4}\ln|x+1|+C'.$$

(m) Transformação do integrando em soma de funções racionais próprias:

$$\frac{x^4+1}{x^4+x^2}=\frac{x^4+x^2-x^2+1}{x^4+x^2}=1-\frac{x^2-1}{x^4+x^2}$$

$$=1-\frac{x^2-1}{x^2\,(x^2+1)}=1-\frac{1}{x^2+1}+\frac{1}{x^2\,(x^2+1)}.$$

Decomposição em frações parciais:

$$\frac{1}{x^2\,(x^2+1)}=\frac{A}{x}+\frac{B}{x^2}+\frac{C\,x+D}{x^2+1}=\frac{A\,x\,(x^2+1)+B\,(x^2+1)+(C\,x+D)\,x^2}{x^2\,(x^2+1)}.$$

Então,

$$A\,x\,(x^2+1)+B\,(x^2+1)+(C\,x+D)\,x^2=1.$$

Determinação das constantes:

$$\begin{array}{lll} x=0 & \Rightarrow & B=1 \\ x=1 & \Rightarrow & 2\,A+2\,B+C+D=1 \\ x=-1 & \Rightarrow & -2\,A+2\,B-C+D=1 \\ x=2 & \Rightarrow & 10\,A+5\,B+8\,C+4\,D=1 \end{array} \;\Rightarrow\; \begin{cases} A=0 \\ B=1 \\ C=0 \\ D=-1 \end{cases}$$

Logo,

$$\frac{x^4+1}{x^4+x^2} = 1 - \frac{1}{x^2+1} + \frac{1}{x^2} - \frac{1}{x^2+1}.$$

Daí,

$$\int \frac{x^4+1}{x^4+x^2}\, dx = \int dx - 2\int \frac{dx}{x^2+1} + \int \frac{dx}{x^2} + = x - 2\,\text{arctg}\, x - \frac{1}{x} + C'.$$

5.4 Capítulo 4

Cálculo de Integrais Definidas

1. (a) Decompomos a fração em frações parciais, obtendo

$$\frac{x+7}{(x+1)(x^2+1)} = \frac{A}{x+1} + \frac{Bx+C}{(x^2+1)} = \frac{Ax^2+A+Bx^2+Bx+Cx+C}{(x+1)(x^2+1)}$$

$$\begin{cases} A+B=0 \\ B+C=1 \\ A+C=7 \end{cases} \implies \begin{cases} A-C=-1 \\ A+C=7 \end{cases} \implies 2A=6 \implies A=3,\ B=-3,\ C=4$$

Logo,

$$\int \frac{x+7}{(x+1)(x^2+1)} dx = \int \frac{3}{x+1} dx - \int \frac{3x}{x^2+1} dx + 4\int \frac{dx}{x^2+1}.$$

Fazendo a substituição $\begin{cases} u = x^2+1 \\ du = 2x\,dx \end{cases}$, obtemos

$$\int \frac{3x}{x^2+1} dx = \frac{3}{2}\int \frac{du}{u} = \frac{3}{2}\ln(x^2+1) + C.$$

Assim,

$$\int_1^2 \frac{x+7}{(x+1)(x^2+1)} dx = \left[3\ln|x+1| - \frac{3}{2}\ln(x^2+1) + 4\,\text{arctg}\, x\right]_1^2$$

$$= 3\ln 3 - \frac{3}{2}\ln 5 + 4\,\text{arctg}\, 2 - 3\ln 2 - \frac{3}{2}\ln 2 - 4\,\text{arctg}\, 1 = 3\ln\frac{3}{2} - \frac{3}{2}\ln\frac{5}{2} + 4\,\text{arctg}\, 2 - \pi.$$

(b) Resolvemos a integral por partes

$$\int x^2 \,\text{sen}\, 3x\, dx = -\frac{x^2\cos 3x}{3} + \frac{2}{3}\int x\cos 3x\, dx = -\frac{x^2\cos 3x}{3} + \frac{2}{3}I$$

$u = x^2 \Longrightarrow du = 2x\,dx$

$dv = \operatorname{sen} 3x\,dx \Longrightarrow v = -\dfrac{\cos 3x}{3}$

$$I = \int x \cos\ 3x\,dx = \frac{x \operatorname{sen}\ 3x}{3} - \int \frac{\operatorname{sen} 3x}{3}\,dx$$

$u = x \Longrightarrow du = dx$

$dv = \cos\ 3x \Longrightarrow v = \dfrac{\operatorname{sen} 3x}{3}$

Logo,

$$\int x^2 \operatorname{sen}\ 3x\,dx = -\frac{x^2 \cos\ 3x}{3} + \frac{2}{9} x \operatorname{sen}\ 3x + \frac{2}{27} \cos\ 3x + C.$$

Assim,

$$\int_0^{\pi/3} x^2 \operatorname{sen} 3x dx = -\frac{x^2 \cos\ 3x}{3} + \frac{2}{9} x \operatorname{sen}\ 3x + \frac{2}{27} \cos\ 3x \Big|_0^{\pi/3}$$

$$= -\frac{\pi^2}{27} \cos \pi + \frac{2}{9} \frac{\pi \operatorname{sen} \pi}{3} + \frac{2}{27} \cos \pi + 0 - 0 - \frac{2}{27} \cos 0 = \frac{\pi^2 - 4}{27}.$$

(c) $\displaystyle\int_{\pi/6}^{\pi/2} \operatorname{cosec}^3 x \operatorname{cotg}^5 x dx = \int_{\pi/6}^{\pi/2} \operatorname{cosec}^2 x \cdot \operatorname{cotg}^4 x (\operatorname{cosec}\ x \cdot \operatorname{cotg}\ x) dx$

$$= \int_{\pi/6}^{\pi/2} \operatorname{cosec}^2 x (\operatorname{cosec}^2 x - 1)^2 (\operatorname{cosec}\ x \cdot \operatorname{cotg}\ x) dx$$

$$= \int_{\pi/6}^{\pi/2} (\operatorname{cosec}^6 x - 2\operatorname{cosec}^4 x + \operatorname{cosec}^2 x)(\operatorname{cosec}\ x \cdot \operatorname{cotg}\ x) dx$$

$$= \int_{\pi/6}^{\pi/2} \operatorname{cosec}^6 x (\operatorname{cosec}\ x \cdot \operatorname{cotg}\ x) dx - 2 \int_{\pi/6}^{\pi/2} \operatorname{cosec}^4 x (\operatorname{cosec}\ x \cdot \operatorname{cotg}\ x) dx$$

$$+ \int_{\pi/6}^{\pi/2} \operatorname{cosec}^2 x (\operatorname{cosec}\ x \cdot \operatorname{cotg}\ x) dx = -\frac{\operatorname{cosec}^7 x}{7}\Big|_{\pi/6}^{\pi/2} + 2 \frac{\operatorname{cosec}^5 x}{5}\Big|_{\pi/6}^{\pi/2} - \frac{\operatorname{cosec}^3 x}{3}\Big|_{\pi/6}^{\pi/2}$$

$$= -\frac{1}{7}(1 - 2^7) + \frac{2}{5}(1 - 2^5) - \frac{1}{3}(1 - 2^3) = \frac{127}{7} - \frac{66}{5} + \frac{7}{3} = \frac{1905 - 1386 + 245}{105} = \frac{764}{105} \approx 7,3$$

(d) Para resolver a integral indefinida, vamos fazer a substituição $\begin{cases} u = x^3 \\ du = 3x^2\,dx \end{cases}$.

Então,

$$\int \frac{x^2 dx}{\sqrt{(x^3)^2 + 4}} = \int \frac{du}{3\sqrt{u^2 + 4}}.$$

Para esta integral, fazemos a substituição trigonométrica $\begin{cases} \frac{u}{4} = \operatorname{tg}\ \theta \\ du = 4 \sec^2\ \theta\,d\theta \end{cases}$.

Logo,

$$\int \frac{du}{\sqrt{u^2+4}} = \int \frac{4\sec^2\,\theta}{4\sec\,\theta}\,d\theta = \int \sec\,\theta\,d\theta = \ln|\sec\,\theta + \operatorname{tg}\,\theta| + C = \ln\left|\tfrac{1}{4}\sqrt{u^2+4} + \tfrac{u}{4}\right| + C.$$

Assim,

$$\int \frac{x^2}{\sqrt{x^6+4}}\,dx = \frac{1}{3}\ln\left|\frac{\sqrt{x^6+4}+x^3}{4}\right| + C.$$

Portanto,

$$\int_0^1 \frac{x^2}{\sqrt{x^6+4}}\,dx = \frac{1}{3}\ln\left|\frac{\sqrt{x^6+4}+x^3}{4}\right|_0^1 = \frac{1}{3}\ln\left(\frac{\sqrt{5}+1}{4}\right) - \ln\frac{1}{2} = \frac{1}{3}\ln\frac{\sqrt{5}+1}{2}.$$

Teorema Fundamental do Cálculo

2. (a) $\displaystyle \lim_{x\to 0}\frac{1}{x^3}\int_0^x \frac{u^2}{u^4+1}du = \lim_{x\to 0}\frac{\frac{d}{dx}\int_0^x \frac{u^2\,du}{u^4+1}}{\frac{d}{dx}(x^3)} = \lim_{x\to 0}\frac{\frac{x^2}{x^4+1}}{3x^2} = \lim_{x\to 0}\frac{1}{3(x^4+1)} = \frac{1}{3}$

(b) $\displaystyle \frac{d}{dx}\int_0^{\sqrt{x}}\left(u^4 + \frac{3}{\sqrt{1-u^2}}\right)du = \left(x^2 + \frac{3}{\sqrt{1-x}}\right)\cdot\frac{d}{dx}\sqrt{x}$

$\displaystyle = \left(x^2 + \frac{3}{\sqrt{1-x}}\right)\frac{1}{2}(x)^{-1/2} = \frac{1}{2}\left(x^{3/2} + \frac{3}{\sqrt{x-x^2}}\right)$

(c) $\displaystyle \frac{d}{dx}\int_{1/x}^{\sqrt{x}}\cos(u^2)\,du = \frac{d}{dx}\left[\int_{1/x}^{a}\cos(u^2)\,du + \int_a^{\sqrt{x}}\cos(u^2)\,du\right]$

$\displaystyle = -\cos\left(\frac{1}{x^2}\right)\cdot\frac{d}{dx}\left(\frac{1}{x}\right) + \cos\,x\cdot\frac{d}{dx}(\sqrt{x}) = -\cos\left(\frac{1}{x^2}\right)\cdot\left(-\frac{1}{x^2}\right) - \frac{1}{x^2} + \frac{1}{2}\frac{\cos\,x}{\sqrt{x}}$

$\displaystyle = \frac{\cos\,x}{2\sqrt{x}} + \frac{1}{x^2}\cos\left(\frac{1}{x^2}\right)$

Aplicações de Integral Definida

3. (a) $y = x^2 + 3x$ e $y = x^3 + 2x^2 - 3x$

Pontos em que as curvas se interceptam: $\begin{cases} y = x^2 + 3x \\ y = x^3 + 2x^2 - 3x \end{cases}$

$x^3 + 2x^2 - 3x = x^2 + 3x \Rightarrow x^3 + x^2 - 6x = 0$

$x = 0, \quad x^2 + x - 6 = 0 \quad \Rightarrow \quad x_1 = 0, \quad x_2 = 2, \quad x_3 = -3$

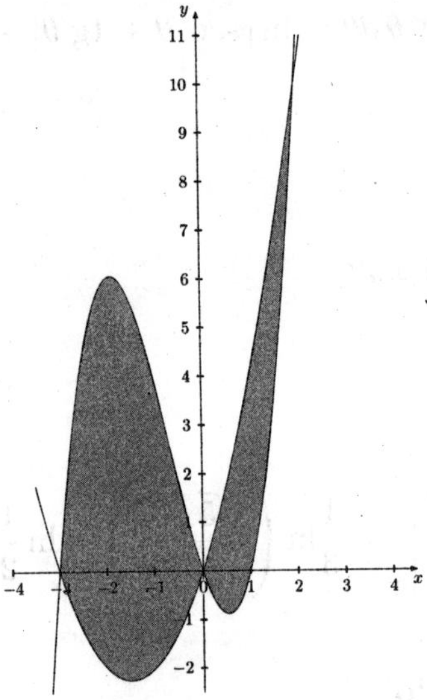

Figura 5.10

$$A = \int_{-3}^{0} [(x^3 + 2x^2 - 3x) - (x^2 + 3x)]dx + \int_{0}^{2} [(x^2 + 3x) - (x^3 + 2x^2 - 3x)]dx$$

$$= \int_{-3}^{0} [(x^3 + 2x^2 - 3x - x^2 - 3x)]dx + \int_{0}^{2} [(x^2 + 3x - x^3 - 2x^2 + 3x)]dx$$

$$= \int_{-3}^{0} [(x^3 + x^2 - 6x)]dx + \int_{0}^{2} [(-x^3 - x^2 + 6x)]dx$$

$$= \left[\frac{1}{4}x^4 + \frac{1}{3}x^3 - 3x^2\right]_{-3}^{0} + \left[-\frac{1}{4}x^4 - \frac{1}{3}x^3 + 3x^2\right]_{0}^{2}$$

$$= \left[-\frac{81}{4} + 9 + 27\right] + \left[-\frac{16}{4} - \frac{8}{3} + 12\right] = -\frac{97}{4} + \frac{19}{3} + 39 = \frac{-291 + 76 + 468}{12} = \frac{253}{12} \text{ u.a.}$$

(b) $y = \cos x$ e $y = \text{sen}x$, no intervalo $\left[0, \frac{3\pi}{4}\right]$

Temos que

$$\cos x = \text{sen}x \Rightarrow \text{sen}x = \text{sen}\left(x + \frac{\pi}{2}\right) \Rightarrow x = \pi - \left(x + \frac{\pi}{2}\right) + 2x\pi \Rightarrow 2x = \frac{\pi}{2} + 2k\pi$$

$$x = \frac{\pi}{4} + k\pi, \ \frac{\pi}{4} \in \left[0, \frac{3\pi}{4}\right].$$

Assim,

$$A = \int_{0}^{\frac{\pi}{4}} [\cos x - \text{sen}x]\, dx + \int_{\frac{\pi}{4}}^{\frac{3\pi}{4}} [\text{sen}x - \cos x]\, dx = \Big[\text{sen}x + \cos x\Big]_{0}^{\frac{\pi}{4}} + \Big[-\cos x - \text{sen}x\Big]_{\frac{\pi}{4}}^{\frac{3\pi}{4}}$$

$$= \left[\frac{\sqrt{2}}{2} + \frac{\sqrt{2}}{2} - 1\right] - \left[\left(\frac{\sqrt{2}}{2} - \frac{\sqrt{2}}{2}\right) - \left(-\frac{\sqrt{2}}{2} - \frac{\sqrt{2}}{2}\right)\right] = \sqrt{2} - 1 + \sqrt{2} = (2\sqrt{2} - 1) \text{ u.a.}$$

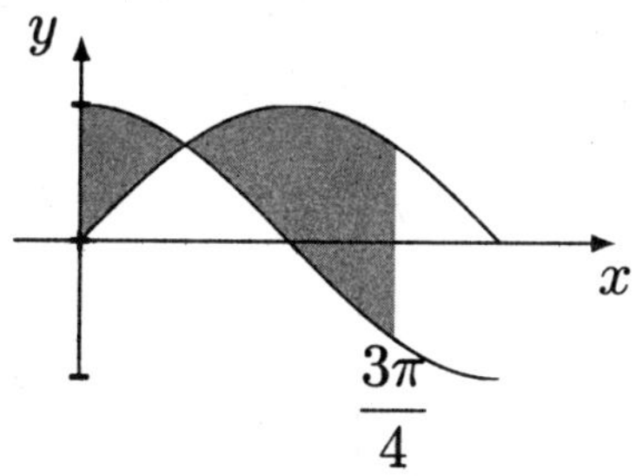

Figura 5.11

(c) $y = x^3 - x$, $y = -x^2 + 5x$ e $x \geq 0$.

$$\begin{cases} y = x^3 - x \\ y = -x^2 + 5x \end{cases} \Rightarrow \; x^3 - x = -x^2 + 5x \;\Rightarrow\; x^3 + x^2 - 6x = 0$$

$x = 0$ ou $x^2 + x - 6 = 0 \Rightarrow x_1 = 0,\ x_2 = 2$, pois $x \geq 0$.

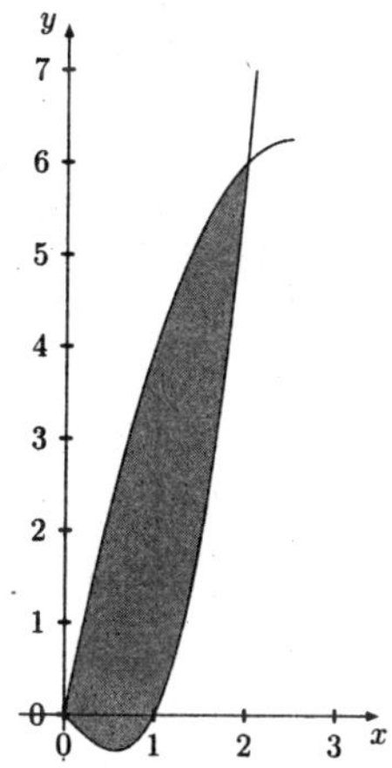

Figura 5.12

$$A = \int_0^2 [(-x^2 + 5x) - (x^3 - 1)]\, dx = \Big[-\frac{1}{4}x^4 - \frac{1}{3}x^3 + \frac{5}{2}x^2 + x \Big]_0^2 = -\frac{16}{4} - \frac{8}{3} + \frac{20}{2} + 2$$

$$= \frac{-48 - 32 + 120 + 24}{12} = \frac{64}{12} = \frac{16}{3} \text{ u.a.}$$

(d) $y = 2 - x^2$ e $y^3 = x^2$

$$\begin{cases} y = 2 - x^2 \\ y^3 = x^2 \end{cases} \Rightarrow \begin{cases} x^2 = 2 - y \\ x^2 = y^3 \end{cases} \Rightarrow y^3 = 2 - y \Rightarrow y^3 + y - 2 = 0 \Rightarrow (y-1)(y^2 + y + 2) = 0$$

$y_1 = 1$ e $y_2,\ y_3 \notin \mathbb{R}$

$y = 1 \Rightarrow x^2 = 1 \Rightarrow x_1 = 1,\ x_2 = 1$

$$A = \int_{-1}^{1} (2 - x^2 - x^{\frac{2}{3}})dx = \Big[2x - \frac{1}{3}x^3 - \frac{3}{5}x^{\frac{5}{3}}\Big]_{-1}^{1} = 2 - \frac{1}{3} - \frac{3}{5} - \Big(-2 + \frac{1}{3} + \frac{3}{5}\Big)$$

$$= 4 - \frac{2}{3} - \frac{6}{5} = \frac{60 - 10 - 18}{15} = \frac{32}{25} \text{ u.a.}$$

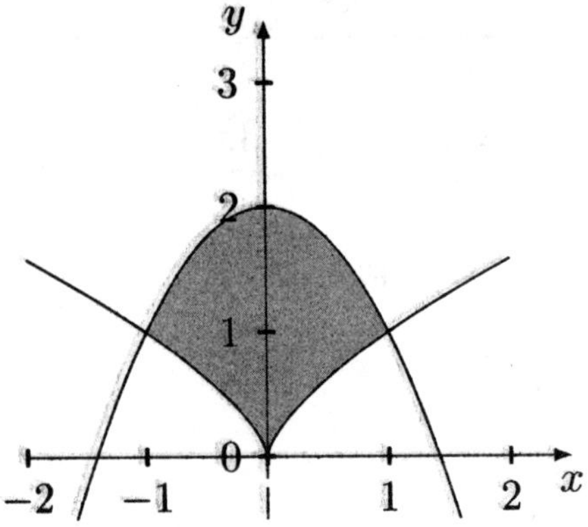

Figura 5.13

(e) $y^2 = 9x$ e a reta que passa pelos pontos $(16, 12)$ e $(4, -6)$

Reta que passa pelos pontos $(x_1, y_1) = (4, -6)$ e $(x_2, y_2) = (16, 12)$:

$$\frac{x - x_1}{x_2 - x_1} = \frac{y - y_1}{y_2 - y_1} \Rightarrow \frac{x - 4}{16 - 4} = \frac{y + 6}{12 + 6} \Rightarrow \frac{x - 4}{12} = \frac{y + 6}{18} \Rightarrow y = \frac{18}{12}(x - 4) - 6$$

$y = \frac{3}{2}x - 12$ ou $x = \frac{2}{3}y + 8$

$y^2 = 9x$ ou $x = \frac{1}{9}y^2$

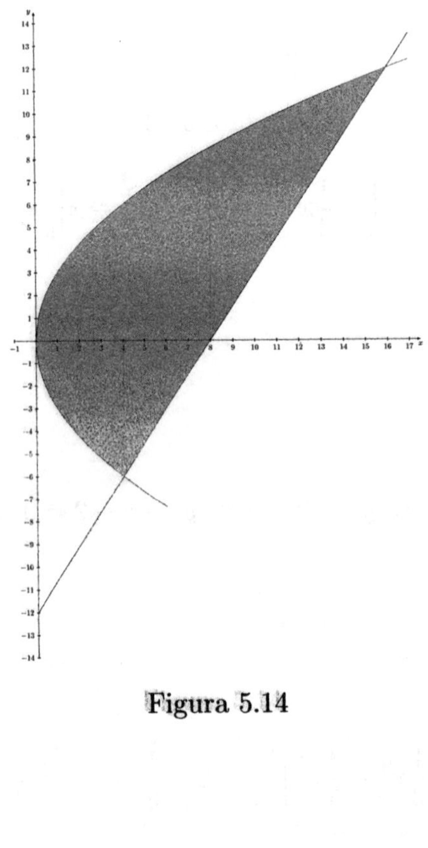

Figura 5.14

$$\begin{cases} y = \frac{3}{2}x - 12 \\ y^2 = 9x \end{cases} \Rightarrow \left(\frac{3}{2}x - 12\right)^2 = 9x \Rightarrow \frac{9}{4}x^2 - 36x + 144 = 9x \Rightarrow x^2 - 20x + 64 = 0$$

$x_1 = 16 \Rightarrow y_1 = 12$ e $x_2 = 4 \Rightarrow y_2 = -6$

$$A = \int_{-6}^{12} \left[\left(\frac{2}{3}y + 8\right) - \frac{1}{9}y^2\right]dy = \left[\frac{2}{3} \cdot \frac{1}{2} \cdot y^2 + 8y - \frac{1}{9} \cdot \frac{1}{3}y^3\right]_{-6}^{12} = \left[\frac{1}{3}y^2 + 8y - \frac{1}{27}y^3\right]_{-6}^{12}$$

$= (48 + 96 - 64) - (12 - 48 + 8) = 80 - (-28) = 108$ u.a.

(f) $y = x^2 - 3x + 2$ e $y = -x^2 + x + 2$.

Pontos de interseção: $y = x^2 - 3x + 2$ e $y = -x^2 + x + 2$

$x^2 - 3x + 2 = -x^2 + x + 2 \Rightarrow 2x(x - 2) = 0 \Rightarrow x = 0$ e $x = 2$

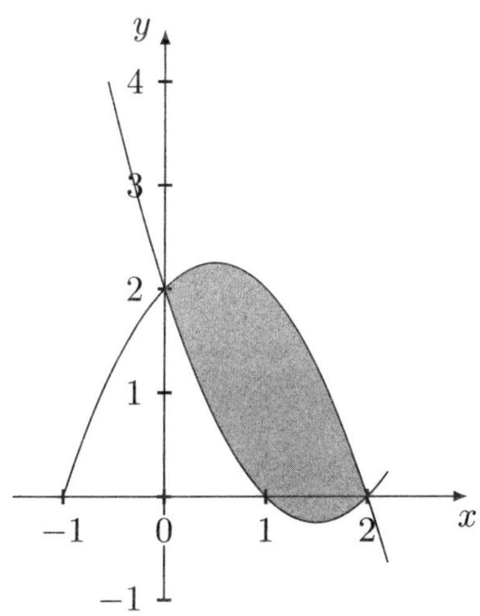

Figura 5.15

$$A = \int_0^2 [(-x^2 + x + 2) - (x^2 - 3x + 2)]dx = \int_0^2 (-2x^2 + 4x)dx = -\frac{2}{3}x^3 + \frac{4x^2}{2}\Big|_0^2$$

$$= -\frac{2}{3}x^3 + 2x^2\Big|_0^2 = -\frac{2}{3} \cdot 8 + 2 \cdot 4 = -\frac{16}{3} + 8 = \frac{8}{3} \text{ u.a.}$$

4. $\dfrac{x - x_0}{x_1 - x_0} = \dfrac{y - y_0}{y_1 - y_0}$, onde $(x_0, y_0) = (0, 0)$, $(x_1, y_1) = (H, R)$ e $y = f(x)$. Assim,

$$\frac{x - 0}{H - 0} = \frac{f(x) - 0}{R - 0} \Rightarrow f(x) = \frac{R}{H}x.$$

O volume do cone é gerado pela rotação do gráfico de f em torno do eixo x. Temos então que

$$V = \pi \int_0^H [f(x)]^2 dx = \pi \int_0^H \left(\frac{R}{H}x\right)^2 dx = \frac{\pi R^2}{H^2} \int_0^H x^2 dx = \frac{\pi R^2}{H^2} \cdot \frac{1}{3} \cdot x^3\Big|_0^H = \frac{1}{3}\pi R^2 H.$$

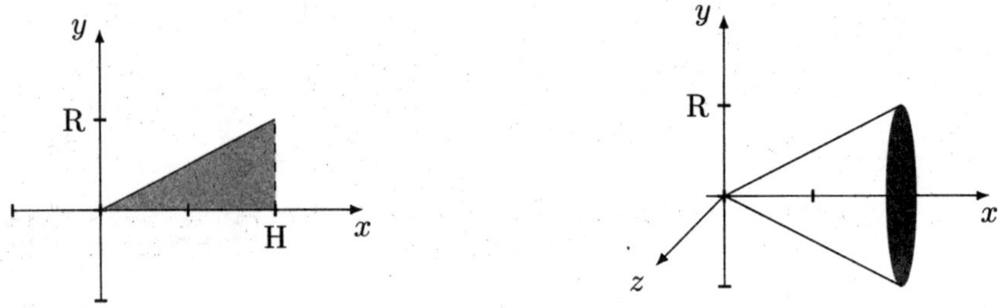

Figura 5.16

5. A expressão que fornece o gráfico da circunferência de raio R centrada na origem é $x^2 + y^2 = R^2$. Tornando a parte superior do gráfico, podemos escrever $f(x) = y = \sqrt{R^2 - x^2}$.
O volume da esfera de raio R é dado por

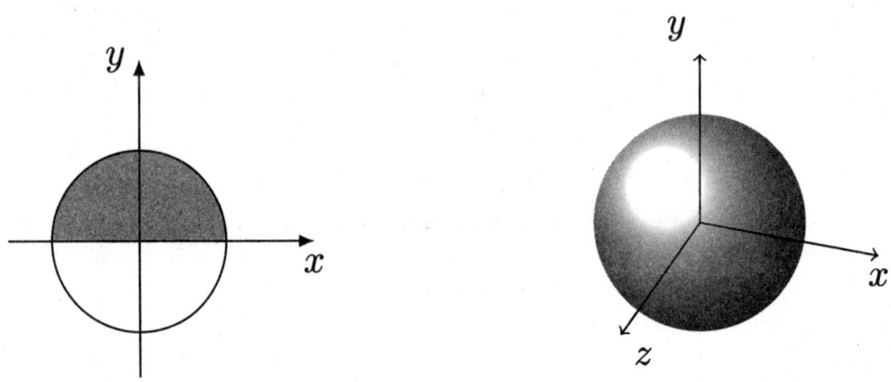

Figura 5.17

$$V = \pi \int_{-R}^{R} [f(x)]^2 dx = \pi \int_{-R}^{R} (\sqrt{R^2 - x^2})^2 dx = \pi \int_{-R}^{R} (R^2 - x^2) dx = \pi \left[R^2 x - \tfrac{1}{3}x^3\right]_{-R}^{R}$$

$$= \pi \left[\left(R^3 - \tfrac{1}{3}R^3\right) - \left(-R^3 + \tfrac{1}{3}R^3\right)\right] = \frac{4}{3}\pi R^3.$$

6. $y = 8x - x^2, \quad y = 0 \Rightarrow x = 0 \quad \text{ou} \quad x = 8$

$$V = \pi \int_{0}^{8} [20^2 - (20 - y(x))^2] dx = \pi \int_{0}^{8} [400 - (400 - 40y(x) + y(x)^2)] dx$$

$$= \pi \int_{0}^{8} [40y(x) - y(x)^2)] dx = \pi \int_{0}^{8} [40(8x - x^2) - (8x - x^2)^2] dx$$

$$= \pi \int_{0}^{8} [320x - 40x^2 - (64x^2 - 16x^3 + x^4)] dx = \pi \int_{0}^{8} [-x^4 + 16x^3 - 104x^2 + 320x] dx$$

$$= \pi \left[-\frac{1}{5}x^5 + 4x^4 - \frac{104}{3}x^3 + 160x^2\right]_0^8 = \frac{\pi}{15}[-98304 + 245760 - 159744 + 153600]$$

$$= \frac{141312}{15}\pi = \frac{47104}{5}\pi \text{ u.v.}$$

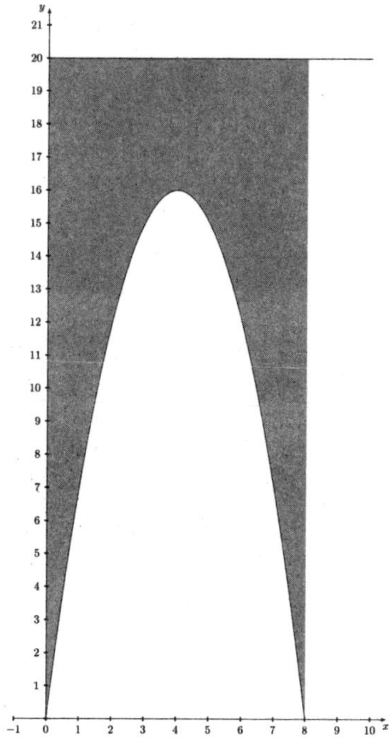

Figura 5.18

7. $V = \pi \int_{-3}^{3} \left[1^2 - \left(\frac{1}{9}y^2\right)^2\right] dy = \pi \int_{-3}^{3} \left[1 - \frac{1}{81}y^4\right] dy = \frac{2\pi}{81} \int_{0}^{3} [81 - y^4]\, dy$

$= \frac{2\pi}{81} \left[81y - \frac{1}{5}y^5\right]_0^3 = \frac{2\pi}{81} \left[243 - \frac{243}{5}\right] = \frac{1944\pi}{405} = \frac{24\pi}{5}$ u.v.

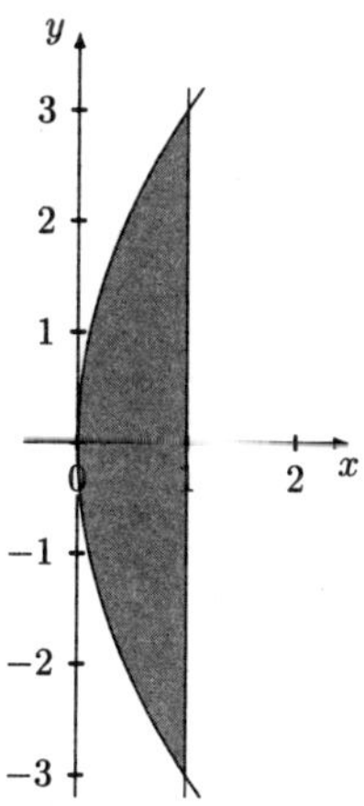

Figura 5.19

8. $c = \displaystyle\int_0^{\pi/2} \sqrt{1 + \left(\frac{df}{dx}\right)^2}\, dx$

$$\frac{d}{dx}\int_0^x \sqrt{\cos\ u}\, du = \sqrt{\cos\ x} \ \Rightarrow\ c = \int_0^{\pi/2} \sqrt{1+\cos\ x}\, dx$$

Mas, no Apêndice B, encontramos $\cos^2 x = \frac{1}{2}(1+\cos\ 2x) \Rightarrow \sqrt{1+\cos\ x} = \sqrt{2}\cdot\cos\frac{x}{2}$. Logo,

$$c = \sqrt{2}\int_0^{\pi/2} \cos\frac{x}{2}\, dx = 2\cdot\sqrt{2}\cdot \text{sen}\frac{x}{2}\Big|_0^{\pi/2} = 2\sqrt{2}\cdot\frac{\sqrt{2}}{2} = 2 \text{ u.c.}$$

9. $c = \displaystyle\int_1^4 \sqrt{1 + \left(\frac{df}{dx}\right)^2}\, dx$

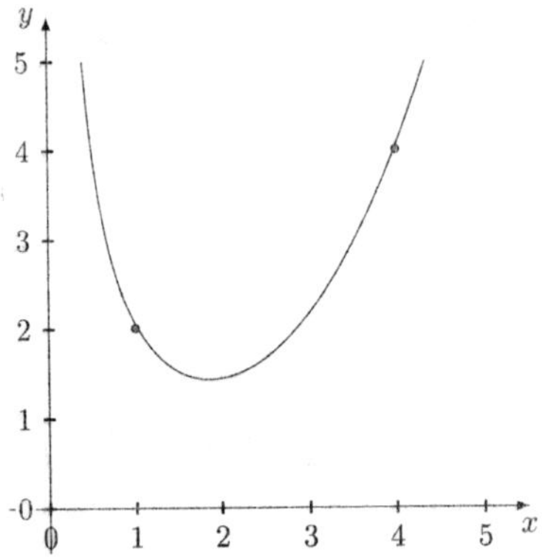

Figura 5.20

$$x^4 + 36 = 18xy \Rightarrow 4x^3 = 18y + 18x\tfrac{dy}{dx} \ \Rightarrow\ \frac{dy}{dx} = \frac{4x^3 - 18y}{18x},\ y = \frac{x^4+36}{18x}$$

$$\Rightarrow\ \frac{dy}{dx} = \frac{4x^3 - 18\frac{x^4+36}{18x}}{18x} = \frac{3x^4 - 36}{18x^2} = \frac{x^4-12}{6x^2}$$

$$1 + \frac{dy}{dx}^2 = 1 + \frac{x^4-12}{6x^2}^2 = \frac{36x^4 + x^8 - 24x^4 + 144}{36x^4} = \frac{x^8 + 12x^4 + 144}{36x^4} = \left(\frac{x^4+12}{6x^2}\right)^2$$

$$c = \int_1^4 \sqrt{\left(\frac{x^4+12^2}{6x^2}\right)^2}\, dx = \frac{1}{6}\int_1^4 \left(x^2 + \frac{12}{x^2}\right) dx$$

$$= \left[\frac{1}{6}\cdot\frac{1}{3}x^3 - \frac{12}{x}\right]_1^4 = \frac{1}{6}\cdot\frac{1}{3}\cdot 64 - \frac{12}{4} - \frac{1}{3} - 12 = \frac{1}{6}\cdot\frac{55}{3} + \frac{35}{3} = \frac{90}{18} = 5 \text{ u.c.}$$

10. $c = \displaystyle\int_0^{\pi/3} \sqrt{1 + \left(\frac{df}{dx}\right)^2}\, dx$

$$y = \ln \sec\ x \ \Rightarrow\ \frac{dy}{dx} = \frac{\sec\ x\cdot \text{tg}\ x}{\sec\ x} = \text{tg}\ x$$

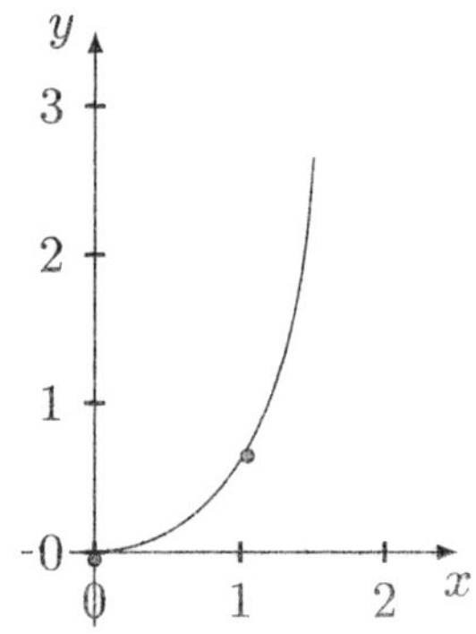

Figura 5.21

$$c = \int_0^{\pi/3} \sqrt{1+\operatorname{tg}^2 x}\, dx = \int_0^{\pi/3} \sec x\, dx = \ln|\sec x + \operatorname{tg} x|\Big|_0^{\pi/3}$$

$$= \ln|\sec \pi/3 + \operatorname{tg} \pi/3| - \ln|\sec 0 + \operatorname{tg} 0| = \ln|2+\sqrt{3}| - \ln|1+0| = \ln|2+\sqrt{3}| \text{ u.c.}$$

11. (a) O preço de equilíbrio ocorre se a oferta é igual à demanda:

$$60 - q^2 = \tfrac{1}{3}q^2 + 4q + 15 \quad \Leftrightarrow 4q^2 + 12q - 135 = 0 \quad \Leftrightarrow q = -\frac{15}{2} \text{ ou } q = \frac{9}{2}$$

Como $q > 0$, devemos ter $\overline{q} = \frac{9}{2}$. Logo, $\overline{p} = 60 - (\frac{9}{2})^2 = 39,75$.

(b) $EC = \displaystyle\int_0^{9/2} 60 - q^2 - 39,75\ dq = \left[60q - \frac{q^3}{3} - 39,75q\right]_0^{4,5} = 60,75.$

(c) $EP = \displaystyle\int_0^{9/2} 39,75 - \frac{1}{3}q^2 + 4q + 15\ dq = \left[39,75q - \frac{q^3}{9} - 2q^2 - 15q\right]_0^{4,5} = 60,75.$

12. Função de oferta: $p = q + 2$ Função de demanda: $p = \sqrt{28 - q}$.

(a) $q + 2 = \sqrt{28-q} \Leftrightarrow (q+2)^2 = 28 - q \Leftrightarrow q^2 + 5q - 24 = 0 \Leftrightarrow q = -8$ ou $q = 3$. Então $\overline{q} = 3$ e $\overline{p} = 5$.

(b) $EC = \displaystyle\int_0^3 \sqrt{28-q} - 5\, dq = \left[-\frac{2}{3}(28-q)^{3/2} - 5q\right]_0^3 = -\frac{2}{3}(125 - 28^{3/2}) - 15 \approx 0,44.$

(c) $EP = 3 \cdot 5 - \displaystyle\int_0^3 q + 2\ dq = \left[15 - \frac{q^2}{2} + 2q\right]_0^3 = 15 - \frac{9}{2} - 6 = 4,5.$

13. De $\displaystyle\int_3^7 (5 + 3f(x))dx = 23$, temos que

$$\int_3^7 f(x)\, dx = \frac{1}{3}\left(23 - 5\int_3^7 dx\right) = \frac{23 - 5\cdot(7-3)}{3} = 1.$$

Logo, $V_m = \dfrac{1}{4}\displaystyle\int_3^7 f(x)dx = \dfrac{1}{4}$.

Integrais Impróprias

14. (a) $\displaystyle\int_0^{\frac{1}{4}} \frac{dx}{x\ln^2 x} = \lim_{a\to 0^+}\int_a^{\frac{1}{4}} \frac{dx}{x\ln^2 x}$

Temos que

$$\int \frac{dx}{x\ln^2 x} = \int \frac{1}{u^2}\,du = -\frac{1}{u} + C = -\frac{1}{\ln x} + C.$$

$u = \ln x \Rightarrow du = \dfrac{1}{x}\,dx$

Logo,

$$\lim_{a\to 0^+}\int_a^{\frac{1}{4}} \frac{dx}{x\ln^2 x} = \lim_{a\to 0^+} -\frac{1}{\ln x}\bigg|_a^{\frac{1}{4}} = \lim_{a\to 0^+}\left[-\frac{1}{\ln\frac{1}{4}} + \frac{1}{\ln a}\right]$$

$= \dfrac{1}{\ln 4} + 0 = \dfrac{1}{\ln 4}$, pois $\displaystyle\lim_{a\to 0^+} \ln a = -\infty$.

Assim,

$$\int_0^{\frac{1}{4}} \frac{dx}{x\ln^2 4} = \frac{1}{\ln 4}.$$

(b) $\displaystyle\int_0^{\frac{\pi}{2}} \sec x\,dx = \lim_{b\to\frac{\pi}{2}}\int_0^b \sec x\,dx = \lim_{b\to\frac{\pi}{2}} \ln|\sec x + \mathrm{tg}x|\bigg|_0^b = \lim_{b\to\frac{\pi}{2}} \ln(\sec b + \mathrm{tg}b) - \ln(\sec 0 + \mathrm{tg}\,0) =$
$\displaystyle\lim_{b\to\frac{\pi}{2}} \ln\frac{1+\mathrm{sen}\,b}{\cos b} - 0 = +\infty.$

Assim, $\displaystyle\int_0^{\frac{\pi}{2}} \sec x\,dx$ diverge.

(c) $\displaystyle\int_0^{\infty} e^{-x}\mathrm{sen}2x\,dx = \lim_{b\to\infty}\int_0^b e^{-x}\mathrm{sen}2x\,dx$

Resolvendo a integral indefinida por partes, temos:

$$\int e^{-x}\mathrm{sen}2x\,dx = \frac{-e^{-x}\cos 2x}{2} - \int \frac{e^{-x}\cos 2x}{2}\,dx$$

$u = e^{-x} \Rightarrow du = -e^{-x}\,dx$

$dv = \mathrm{sen}2x\,dx \Rightarrow v = -\dfrac{\cos 2x}{2}$

$u = e^{-x} \Rightarrow du = -e^{-x}$

$dv = \cos 2x\,dx \Rightarrow v = \dfrac{\mathrm{sen}2x}{2}$

$$\int e^{-x}\text{sen}2x\,dx = -\frac{e^{-x}\cos 2x}{2} - \frac{1}{2}\left[\frac{e^{-x}\text{sen}2x}{2} + \int \frac{e^{-x}\text{sen}2x}{2}\,dx\right],$$

o que nos leva a

$$\int e^{-x}\text{sen}2xdx = \frac{-e^{-x}(2\cos 2x + \text{sen}2x)}{5} + C.$$

Logo,

$$\lim_{b\to\infty}\int_0^b e^{-x}\text{sen}2xdx = \lim_{b\to\infty}\frac{-e^{-x}(2\cos 2x + \text{sen}2x)}{5} = \frac{2}{5} - \lim_{b\to\infty}\frac{e^{-b}(2\cos 2b + \text{sen}2b)}{5}$$

Note que, enquanto $\cos 2b$ e $\text{sen}2b$ variam de -1 a 1, $e^{-b}\to 0$ quando $b\to\infty$; portanto, o limite acima é 0.

Assim,

$$\int_0^\infty e^{-x}\text{sen}2x\,dx = \frac{2}{5}.$$

(d) $\displaystyle\int_0^1 \frac{dx}{x^3 - 3x^2} = \lim_{a\to 0^+}\int_0^1 \frac{dx}{x^2(x-3)}$

Por meio da decomposição em frações parciais, temos

$$\frac{1}{x^2(x-3)} = \frac{A}{x} + \frac{B}{x^2} + \frac{C}{x-3} = \frac{Ax^2 - 3Ax + Bx - 3B + Cx^2}{x^2(x-3)},$$

onde $\begin{cases} A + C = 0 & \Rightarrow C = -A = 1/9 \\ -3A + B = 0 & \Rightarrow A = B/3 = -1/9 \\ -3B = 1 & \Rightarrow B = -1/3 \end{cases} \quad \Rightarrow \quad \dfrac{1}{x^2(x-3)} = -\dfrac{1}{9x} - \dfrac{1}{3x^2} + \dfrac{1}{9(x-3)}$

Logo,

$$\lim_{a\to 0+}\int_a^1 \frac{dx}{x^2(x-3)} = \lim_{a\to 0+}\left[-\frac{1}{9}\int_a^1 \frac{dx}{x} - \frac{1}{3}\int_a^1 \frac{dx}{x^2} + \frac{1}{9}\int_a^1 \frac{dx}{x-3}\right]$$

$$= \lim_{a\to 0^+}\left[-\frac{1}{9}\ln|x| + \frac{1}{3x} + \frac{1}{9}\ln|x-3|\right]_a^1 = \lim_{a\to 0^+}\left[-\frac{1}{9}\ln a + \frac{1}{3} - \frac{1}{3a} + \frac{1}{9}\ln 2 - \frac{1}{9}\ln|a-3|\right]$$

$$= \frac{1}{3} + \frac{1}{9}(\ln 2 - \ln 3) + \lim_{a\to 0^+}\left[\frac{1}{9}\ln a - \frac{1}{3a}\right] = -\infty.$$

Assim, $\displaystyle\int_0^1 \frac{dx}{x^3 - 5x^2}$ diverge.

(e) $\displaystyle\int_{-\infty}^{\infty} e^{-|x|}\,dx = \int_{-\infty}^{0} e^{-|x|}\,dx + \int_0^{\infty} e^{-|x|}\,dx$

$$= \lim_{a \to -\infty} \int_a^0 e^{-(-x)}\, dx + \lim_{b \to \infty} \int_0^b e^{-x}\, dx$$

$$= \lim_{a \to -\infty} e^x \Big|_a^0 + \lim_{b \to \infty} (-e^{-x}) \Big|_0^b = \lim_{a \to -\infty} (1 - e^a) - \lim_{b \to \infty} (e^{-b} - 1) = 2 \text{ , pois } \lim_{a \to -\infty} e^a = \lim_{b \to -\infty} e^{-b} = 0$$

15. (a) A área da região é dada por

$$\int_2^{\infty} \frac{dx}{x^2 - 1} = \lim_{b \to \infty} \int_2^b \frac{dx}{x^2 - 1}$$

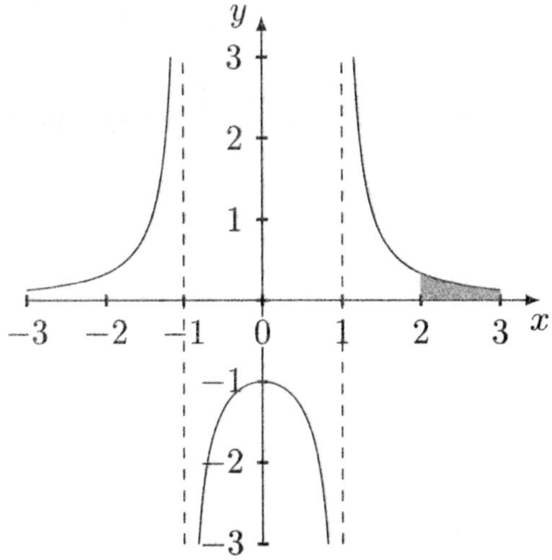

Figura 5.22

Por decomposição em frações parciais temos:

$$\frac{1}{x^2 - 1} = \frac{A}{x - 1} + \frac{B}{x + 1} = \frac{Ax + A + Bx - B}{x^2 - 1},$$

$$\text{onde} \begin{cases} A + B = 0 \\ A - B = 1 \end{cases} \Rightarrow A = \tfrac{1}{2} \;\; B = -\tfrac{1}{2}.$$

Então, $\displaystyle\int \frac{dx}{x^2 - 1} = \int \frac{1/2}{x - 1} dx - \int \frac{1/2}{x - 1} dx$. Dessa forma,

$$\lim_{b \to \infty} \int_2^b \frac{dx}{x^2 - 1} = \frac{1}{2} \lim_{b \to \infty} \left[\ln|x - 1| - \ln|x + 1|\right] \Big|_2^b = \frac{1}{2} \lim_{b \to \infty} \left[\ln\left(\frac{b - 1}{b + 1}\right) + \ln 3\right]$$

$$= \frac{\ln 3}{2} + \lim_{b \to \infty} \ln\left(\frac{1 - \frac{1}{b}}{1 + \frac{1}{b}}\right) = \frac{\ln 3}{2} + \ln 1.$$

Assim, a área da região é $\dfrac{\ln 3}{2}$ u.a.

(b) A área da região é dada pela integral imprópria

$$\int_0^3 \frac{dx}{\sqrt[3]{(x-2)^2}} = \int_0^2 \frac{dx}{\sqrt[3]{(x-2)^2}} + \int_2^3 \frac{dx}{\sqrt[3]{(x-2)^2}}$$

$$= \lim_{b\to 2^-} \int_0^b \frac{dx}{\sqrt[3]{(x-2)^2}} + \lim_{a\to 2^+} \int_a^3 \frac{dx}{\sqrt[3]{(x-2)^2}}$$

$$= \lim_{b\to 2^-} 3(x-2)^{1/3}\Big|_0^b + \lim_{a\to 2^+} 3(x-2)^{1/3}\Big|_3^a$$

$$= 3\left[\lim_{b\to 2^-} \sqrt[3]{b-2} + \sqrt[3]{2} + 1 + \lim_{a\to 2^+} \sqrt[3]{a-2}\right] = \sqrt[3]{2} + 1 \text{ u.a.}$$

CAPÍTULO 6

INTRODUÇÃO AO SYMPY

6.1 Apresentação

SymPy é uma biblioteca Python para matemática simbólica, escrito inteiramente em Python (e que para ser executado depende deste) e que não requer bibliotecas externas.

Esta biblioteca possui ferramentas que variam do cálculo de limites, integrais e derivadas, álgebra linear, matemática discreta até física quântica. SymPy é um software livre sob licença BSD*Berkeley Software Distribution*. O tutorial sobre o uso do SymPy pode ser encontrado no endereço: http://docs.sympy.org/la

6.2 Sobre o Python e SymPy

A linguagem Python vem sendo utilizada nos cursos da área tecnológica como a primeira disciplina de programação de computadores. No desenvolvimento deste livro, utilizamos comandos e funções voltados ao leitor que ainda não teve um maior contato com a linguagem e seus principais comandos.

O Python e o SymPy podem ser instalados em inúmeras plataformas: Windows, Linux, Android ou iOs. Nesta seção trataremos apenas da instalação no Windows 10.

Os comandos Python e SymPy apresentados serão executados na interface gráfica IDLE na forma **interativa**, estes comandos são bastante semelhantes ao utilizado em outros softwares como o MAPLE, wxMaxima, entre outros.

Será utilizada a versão 3.6.3 no Windows 10, embora estes comandos possam ser executados **sem qualquer alteração** nos demais sistemas operacionais.

Os módulos científicos do Python são extremamente ricos em comandos e soluções. Vários comandos podem ser utilizados para uma mesma resposta. Para facilidade de compreensão do leitor, selecionamos alguns poucos comandos que serão utilizados na solução dos problemas resolvidos e propostos.

6.2.1 Por que usar SymPy ao invés de MAPLE, MATLAB etc.

Para uma melhor solução (e aprendizado) você deve escolher as ferramentas de programação que se adequam ao seu problema e ao seu ambiente. As vantagens que muitas pessoas citam são que é de código aberto, não custa nada, usa a linguagem de propósito geral (Python) em vez de um *pacote* proprietário, você poderá utilizá-lo em sua vida profissional, além de ser relativamente fácil conectar com outras linguagens de programação.

6.3 Instalação do Python no Windows 10

Faça o download do arquivo de instalação do Python na página da Internet: http://www.Python.org/download/ e selecione a opção para download do Python 3.6.3 ou outra que desejar. Dê um click duplo no arquivo baixado que ele irá instalar automaticamente. Não se esqueça de assinalar a opção Add Python 3.6 to PATH.

No exemplo abaixo foi utilizada a versão 3.6.3 (32 bit). A versão 64 bits também poderá ser utilizada por usar os mesmos comandos.

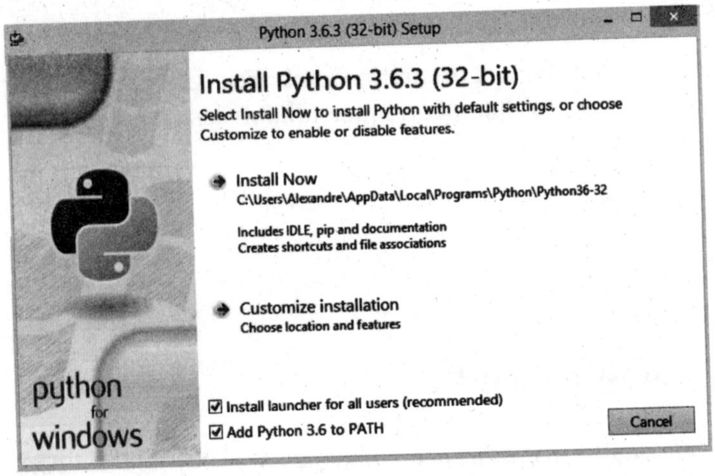

Figura 6.1: Selecionada versão 3.6.3

Na área Iniciar do Windows deverá aparecer os aplicativos recém-instalados

Figura 6.2: Aplicativos Python instalados

6.4 Ambiente de Desenvolvimento Integrado-IDE

Um Ambiente de Desenvolvimento Integrado - IDE do inglês *Integrated Development Envirommment* - é um *software* cuja finalidade é auxiliar a codificação que possibilita que você escreva, teste e depure (identifique erros) em seu código de uma maneira mais fácil.

O site Python Brasil disponibiliza uma lista de IDEs gratuitas, pagas e editores de texto no endereço https://wiki.python.org.br/IdesPython. Além destas, você poderá utilizar o Bloco de Notas ou outro editor que desejar.

Embora possamos selecionar várias IDEs, neste livro usaremos a IDLE por estar integrada ao Python, ser de fácil uso e aprendizado.

A instalação da IDLE é automática e no Windows 10 aparece no Menu Iniciar → Itens Adicionados Recentemente.

Voce poderá fixar a IDLE na barra de tarefas, bastando clicar com o botão da direita sobre IDLE e escolhendo a opção Fixar na barra de tarefas.

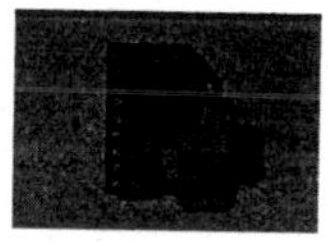

Figura 6.3: IDLE na Barra de Tarefas

6.4.1 Modos de Funcionamento da IDLE

A IDLE possui dois modos de funcionamento: Interativo e Programado:

Modo Interativo

Neste módulo os comandos digitados seguidos de [ENTER] serão executados imediatamente possibilitando que o Python possa ser usado como se fosse uma calculadora.

A figura a seguir mostra a tela interativa do IDLE

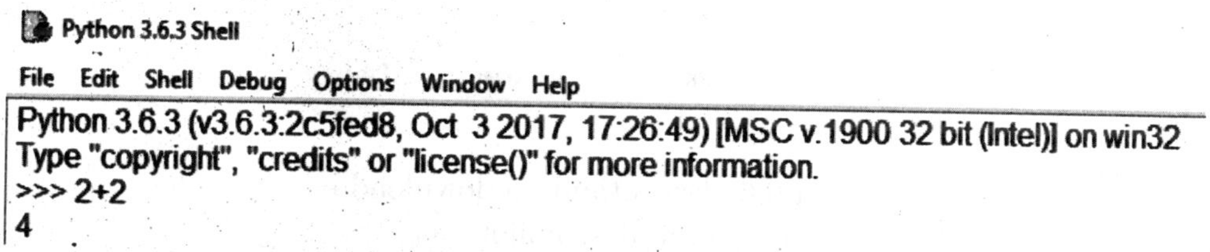

Lembre-se que o Python usa o ponto para separar a parte inteira de um número da parte fracionária, seguindo o padrão americano de formatação numérica.

6.5 Módulos Científicos

Módulos são arquivos contendo o código Python que podem ser incorporados a novos programas, a fim de evitar ter de reescrever o material a ser rodado pelo interpretador e facilitar a manutenção do programa. Os módulos podem ser internos *built in* quando já vêm incorporada a linguagem ou externos quando é necessário baixar e instalar os arquivos ou também aqueles elaborados pelo usuário.

Existem vários módulos adicionais em Python que fornecem funções e métodos que aumentam a capacidade da linguagem.

Neste capítulo trataremos do módulo externo SymPy.

6.5.1 Instalando o Módulo SymPy

Após instalar o Python 3.6, na tela inicial do seu Windows 10, vá até o botão Windows. Ele se encontra no lado esquerdo extremo da Barra de ferramentas. Depois, clique - com o clique da direita nele.

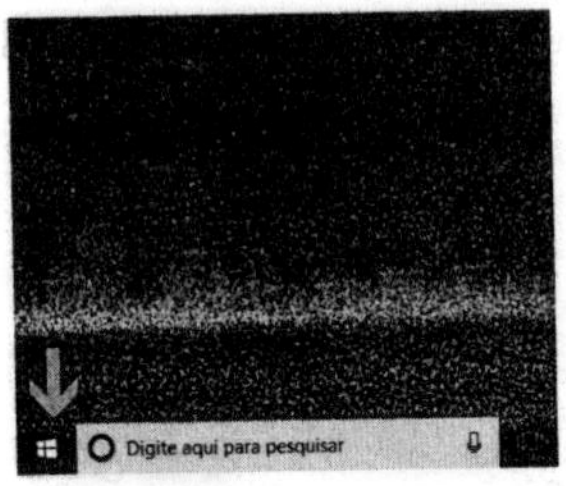

Figura 6.4: Botão Iniciar

⇒

Figura 6.5: Selecione Executar

Com o mouse posicionado em Executar clique com o botão direito → Como Administrador e na janela que se abre. Após digitar o comando **pip install sympy** clique em OK:

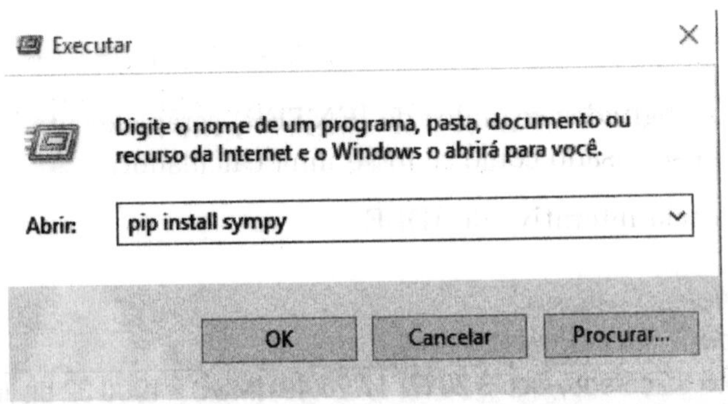

Figura 6.6: Executando o download e instalação das bibliotecas

Será efetuado, automaticamente, o download dos arquivos e as respectivas instalações.

6.6 Importação de Módulos

Para incorporar as funções e métodos presentes em algum módulo ao programa deve-se importar o módulo desejado através dos comandos from e import.

A importação pode ser feita de várias maneiras. Apresentaremos apenas uma, para facilidade de compreensão do leitor.

from nome_do_modulo import item1, item2, ..., item n

Nesse caso, podemos chamar os itens especificados a qualquer momento no programa como se estes fossem internos ao Python. Para casos onde é vantajoso importarmos um módulo inteiro podemos utilizar no lugar dos itens o asterisco (*). Neste livro usaremos a importação de todo o módulo SymPy nos exercícios resolvidos.

6.7 Usando o SymPy

Passo 1: Com o Python e o SymPy instalados, abra a IDLE no modo interativo.

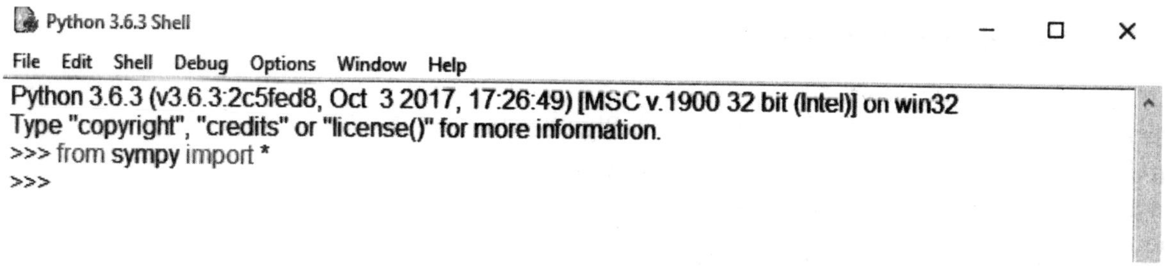

Figura 6.7: IDLE no modo interativo

e digite **from sympy import *** e pressione enter.

Atenção letras maiúsculas são diferentes de letras minúsculas!

Passo 2 - Símbolos: Indique todas as variáveis que irá usar representando-as como ***simbolo.*** Este tipo de comando não existe nos demais softwares de Computação Algébrica (MAPLE,Mathematica etc).

```
>>> x=symbols('x')
>>> # ou se existirem mais variáveis
>>> x,y,z=symbols('x y z')
```

No comando symbols (no plural) as variáveis são separadas por espaço em branco.

Comando de Atribuição

O sinal = em SymPy **atribui** o resultado de uma expressão a uma variável. Em outras palavras: realiza a operação do lado direito do sinal = e depois atribui o resultado à variável do lado esquerdo. Por padrão, a avaliação numérica é realizada com uma precisão de 15 dígitos decimais. Você pode, opcionalmente, passar uma precisão desejada (que deve ser um inteiro positivo) como um argumento para evalf(n). Veja o exemplo:

```
>>> from sympy import *
>>> x,y=symbols('x y')
>>> x=10.+2/3
>>> x
10.666666666666666
>>> (sqrt(2)*pi).evalf(3)
4.44
```

Operadores matemáticos

Operador	Significado	Exemplo
+	soma	$x = y + 2$
-	subtração	$x = y$-2
*	multiplicação	$x = y * 2$
/	divisão	$x = y/2$
**	potenciação	$x = y * *2$
//	divisão inteira	$x = y//2$
%	resto da divisão	$x = y\%2$

Principais Funções Embutidas

Operador	Significado
sqrt(x)	$\sqrt{(x)}$
Os argumentos das funções trigonométricas são em radianos	
degrees(x)	converte radianos em graus
radians(x)	converte graus em radianos
sin(x)	seno(x)
cos(x)	coseno(x)
tan(x)	tangente(x)
Abs(x)	módulo(x)
exp(x)	e^x
log(x)	logaritmo neperiano
Piecewise((expressao,condição))	define uma função por intervalos
simplify(x)	simplifica uma expressão

Comando de impressão

Diversas impressoras estão disponíveis no SymPy, entre elas:

- ASCII pretty printer (padrão)
- Unicode pretty printer (precisa de use_unicode=True)
- LaTeX

O comando print('texto',variável) irá exibir o resultado na tela.

```
>>> print('Valor de x ',x)
Valor de x  10.666666666666666
```

Pode-se melhorar a impressão usando o comando pprint().

Veja nos exemplos a seguir a diferença entre os comandos print e pprint:

```
>>> x,y=symbols('x,y')
>>> y=integrate(x**2/2)
>>> print(y)
x**3/6
>>> pprint(y)
```

```
  3
x
──
6
```

Como *Plotar* gráficos

O módulo **plot** permite que se façam gráficos 2-D, 3-D, paramétricas ou não paramétricas. Os gráficos são criados usando recursos do *matplotlib* como *backend.*

A forma geral do comando é : plot(função, (variável, limite inferior, limite superior),opções) para curvas 2D ou plo3d(variável, limite inferior, limite superior),opções) para curvas 3D.

Algumas opções para uma figura são:

title : str
xlabel : str
ylabel : str
legend : bool
xscale : linear ou log
yscale : linear ou log
axis : bool
xlim : tupla de dois valores
ylim : tupla de dois valores
margin : float entre $[0, 1]$

Vamos aos exemplos:

1) Plotar a curva de x^2 no intervalo de x= -5 a 5

```
>>> from sympy import *
>>> x,y =symbols('x y')
>>> y=x**2
>>> plot(y,(x,-5,5))
```

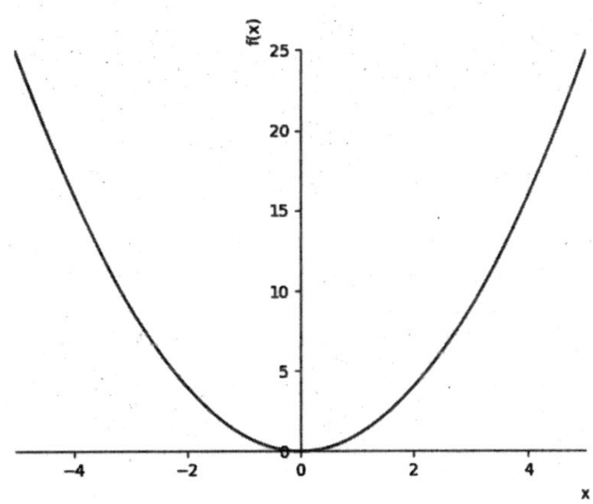

Figura 6.8: Curva x^2

Os parâmetros xlim e ylim limitam os valores de x e y no gráfico.

Veja na curva $\frac{1}{(x-2)}$ com e sem limite de intervalo para y.

```
>>> from sympy import *
>>> x,y=symbols('x y')
>>> y=1/(x-2)
>>> # sem limite
>>> plot(y,(x,0,4))
>>> # com limite
>>> plot(y,(x,0,4),ylim=(-10,10))
```

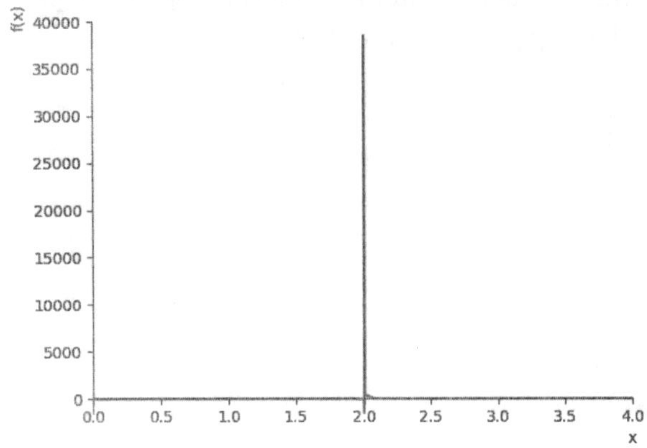

Figura 6.9: Curva $\frac{1}{(x-2)}$ sem limite

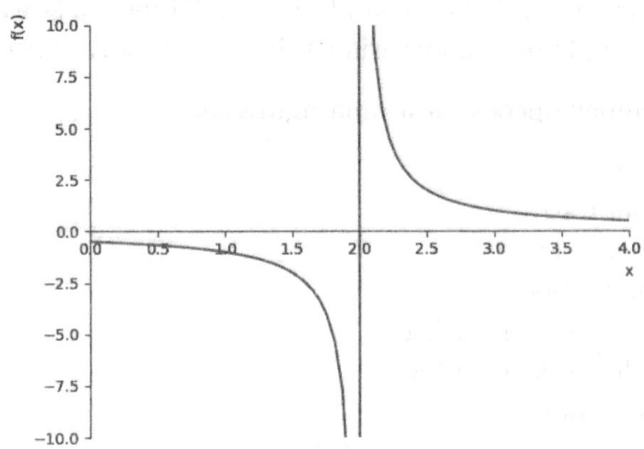

Figura 6.10: Curva $\frac{1}{(x-2)}$ com limite

Observe a linha vertical em x=2 foi colocada automaticamente pelo SymPy indicando um ponto de descontinuidade da curva.

Colocando duas curvas e legenda em um gráfico.

```
>>> from sympy import *
>>> x,y1,y2=symbols('x y1 y2')
>>> y1=x**2
>>> y2=x**3
>>> plot((y1,(x,-5,5)),(y2,(x,-3,3)),
title="Duas curvas",legend=True)
```

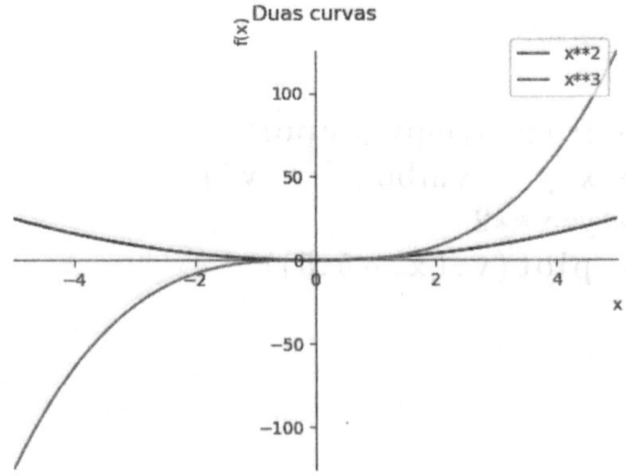

Figura 6.11: Curvas x^2 e x^3

Curva 3-D
Para"plotarmos"curvas 3D é necessária a importação de biblioteca adicional da seguinte forma: from sympy.plotting import plot3d.

```
>>> from sympy import *
>>> from sympy.plotting import plot3d
>>> plot3d(x*y, -x*y, (x, -5, 5),
 (y, -5, 5))
```

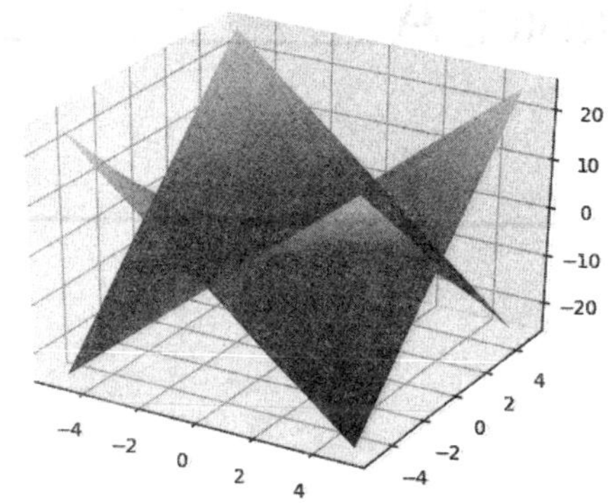

Figura 6.12: Curvas $x * y$ e $-x * y$

APÊNDICE A

FÓRMULAS ALGÉBRICAS

A.1 Produtos notáveis

1. $(a+b)^2 = a^2 + 2ab + b^2$

2. $(a+b)^3 = a^3 + 3a^2b + 3ab^2 + b^3$

3. $(a+b)^4 = a^4 + 4a^3b + 6a^2b^2 + 4ab^3 + b^4$

4. $(a+b)^5 = a^5 + 5a^4b + 10a^3b^2 + 10a^2b^3 + 5ab^4 + b^5$

5. $(a-b)^2 = a^2 - 2ab + b^2$

6. $(a-b)^3 = a^3 - 3a^2b + 3ab^2 - b^3$

7. $(a-b)^4 = a^4 - 4a^3b + 6a^2b^2 - 4ab^3 + b^4$

8. $(a-b)^5 = a^5 - 5a^4b + 10a^3b^2 - 10a^2b^3 + 5ab^4 - b^5$

9. $a^2 - b^2 = (a+b)(a-b)$

10. $a^3 - b^3 = (a-b)(a^2 + ab + b^2)$

11. $a^4 - b^4 = (a-b)(a^3 - ba^2 + b^2 - b^3)$

12. $a^5 - b^5 = (a-b)(a^4 + ba^3 + b^2a^2 + b^3a + b^4)$

13. $a^n - b^n = (a-b)(a^{n-1} + ba^{n-2} + b^2a^{n-3} + b^3a^{n-4} + ... + b^{n-2}a + b^{n-1})$

14. $a^3 + b^3 = (a+b)(a^2 - ab + b^2)$

15. $a^5 + b^5 = (a+b)(a^4 - ba^3 + b^2a^2 - b^3a + b^4)$

APÊNDICE B

FÓRMULAS TRIGONOMÉTRICAS

B.1 Identidades Fundamentais

1. $\text{sen}x\,\text{cosec}x = 1$ **2.** $\cos x \sec x = 1$ **3.** $\text{tg}x\,\text{cotg}x = 1$ **4.** $\text{tg}x = \dfrac{\text{sen}x}{\cos x}$

5. $\text{cotg}x = \dfrac{\cos x}{\text{sen}x}$ **6.** $\text{sen}^2x + \cos^2 x = 1$ **7.** $1 + \text{tg}^2x = \sec^2 x$ **8.** $1 + \text{cotg}^2x = \text{cosec}^2x$

B.2 Identidades sobre Medidas Múltiplas

1. $\text{sen}2x = 2\,\text{sen}x \cos x$ **2.** $\cos 2x = \cos^2 x - \text{sen}^2x$ **3.** $\text{tg}2x = \dfrac{2\,\text{tg}x}{1 - \text{tg}^2x}$

4. $\text{sen}^2x = \dfrac{1 - \cos 2x}{2}$ **5.** $\cos^2 x = \dfrac{1 + \cos 2x}{2}$ **6.** $\text{tg}^2x = \dfrac{1 - \cos 2x}{1 + \cos 2x}$

B.3 Identidades Envolvendo Soma e Diferença de Medidas

1. $\text{sen}(a + b) = \text{sen}a \cos b + \cos a\,\text{sen}b$ **2.** $\text{sen}(a - b) = \text{sen}a \cos b - \cos a\,\text{sen}b$

3. $\cos(a + b) = \cos a \cos b - \text{sen}a\,\text{sen}b$ **4.** $\cos(a - b) = \cos a \cos b + \text{sen}a\,\text{sen}b$

5. $\text{tg}(a + b) = \dfrac{\text{tg}a + \text{tg}b}{1 - \text{tg}a\,\text{tg}b}$ **6.** $\text{tg}(a - b) = \dfrac{\text{tg}a - \text{tg}b}{1 + \text{tg}a\,\text{tg}b}$

B.4 Identidades para Soma, Diferença e Produto

1. $\operatorname{sen} a \cos b = \dfrac{1}{2}[\operatorname{sen}(a+b) + \operatorname{sen}(a-b)]$

2. $\cos a \cos b = \dfrac{1}{2}[\cos(a+b) + \cos(a-b)]$

3. $\operatorname{sen} a \operatorname{sen} b = \dfrac{1}{2}[\cos(a-b) - \cos(a+b)]$

4. $\operatorname{sen} a + \operatorname{sen} b = 2 \operatorname{sen}\left(\dfrac{a+b}{2}\right)\cos\left(\dfrac{a-b}{2}\right)$

5. $\operatorname{sen} a - \operatorname{sen} b = 2 \operatorname{sen}\left(\dfrac{a-b}{2}\right)\cos\left(\dfrac{a+b}{2}\right)$

6. $\cos a + \cos b = 2 \cos\left(\dfrac{a+b}{2}\right)\cos\left(\dfrac{a-b}{2}\right)$

7. $\cos a - \cos b = -2 \operatorname{sen}\left(\dfrac{a+b}{2}\right)\operatorname{sen}\left(\dfrac{a-b}{2}\right)$

APÊNDICE C

FÓRMULAS GEOMÉTRICAS

1. Área do círculo de raio r: $A = \pi\, r^2$

2. Circunferência do círculo de raio r: $C = 2\, \pi\, r$

3. Área do triângulo de base b e altura h: $A = \frac{1}{2}\, b\, h$

4. Área do retângulo de base b e altura h: $A = b\, h$

5. Área do paralelogramo de base b e altura h: $A = b\, h$

6. Área do trapézio de bases a e b e altura h: $A = \frac{1}{2}\,(a + b)\, h$

7. Área do cilindro circular reto de raio r e altura h: $V = 2\, \pi\, r\, h$

8. Volume do cilindro circular reto de raio r e altura h: $V = \pi\, r^2\, h$

9. Área do cone circular reto de raio r e altura h: $A = \pi\, r \sqrt{r^2 + h^2}$

10. Volume do cone circular reto de raio r e altura h: $V = \frac{1}{3}\, \pi\, r^2\, h$

11. Área da esfera de raio r: $A = 4\, \pi\, r^2$

12. Volume da esfera de raio r: $V = \frac{4}{3}\, \pi\, r^3$

13. Volume do prisma de área da base A_b e altura h: $V = A_b\, h$

14. Volume da pirâmide de área da base A_b e altura h: $V = \frac{1}{3}\, A_b\, h$

APÊNDICE D

FÓRMULAS BÁSICAS DE DIFERENCIAÇÃO

Se u e v são funções diferenciáveis em x, então:

1. $D_x(u+v) = D_x u \pm D_x v$

2. $D_x(uv) = uD_x v \pm vD_x u$

3. $D_x\left(\dfrac{u}{v}\right) = \dfrac{vD_x u - uD_x v}{v^2}$

4. $D_x u^n = nu^{n-1} D_x u$

5. $D_x \operatorname{sen} u = \cos u \, D_x u$

6. $D_x \cos u = -\operatorname{sen} u \, D_x u$

7. $D_x \operatorname{tg} u = \sec^2 u \, D_x u$

8. $D_x \operatorname{cotg} u = -\operatorname{cosec}^2 u \, D_x u$

9. $D_x \sec u = \sec u \operatorname{tg} u \, D_x u$

10. $D_x \operatorname{cosec} u = -\operatorname{cosec}, u \operatorname{cotg} u \, D_x u$

11. $D_x \operatorname{arcsen} u = \dfrac{D_x u}{\sqrt{1-u^2}}$

12. $D_x \arccos u = \dfrac{-D_x u}{\sqrt{1-u^2}}$

13. $D_x \operatorname{arctg} u = \dfrac{D_x u}{1+u^2}$

14. $D_x \operatorname{arccotg} u = \dfrac{-D_x u}{1+u^2}$

15. $D_x \operatorname{arcsec} u = \dfrac{D_x u}{|u|\sqrt{u^2-1}}$

16. $D_x \operatorname{arccosec} u = \dfrac{-D_x u}{|u|\sqrt{u^2-1}}$

17. $D_x \ln u = \dfrac{D_x u}{u}$

18. $D_x e^u = e^u D_x u$

19. $D_x a^u = a^u \ln a \, D_x u$

20. $D_x \log_a u = \dfrac{D_x u}{u \ln a}$

21. $D_x \operatorname{senh} u = \cosh u \, D_x u$

22. $D_x \cosh u = \operatorname{senh} u \, D_x u$

23. $D_x \operatorname{tgh} u = \operatorname{sech}^2 u \, D_x u$

24. $D_x \operatorname{cotgh} u = -\operatorname{cosech}^2 u \, D_x u$

25. $D_x \operatorname{sech} u = -\operatorname{sech} u \operatorname{tgh} u \, D_x u$

26. $D_x \operatorname{cosech} u = -\operatorname{cosech} u \operatorname{cotgh} u \, D_x u$

APÊNDICE E

FÓRMULAS BÁSICAS DE INTEGRAÇÃO

1. $\int x^n\,dx = \dfrac{x^{n+1}}{n+1} + C,\ (n \neq 1)$

2. $\int \dfrac{1}{x}dx = \ln|x| + C,\ (x \neq 0)$

3. $\int \dfrac{dx}{1+x^2} = \begin{cases} \text{arctg}x + C \\ -\text{arccotg}x + C \end{cases}$

4. $\int \dfrac{dx}{1-x^2} = \dfrac{1}{2}\ln\left|\dfrac{1+x}{1-x}\right| + C$

5. $\int \dfrac{dx}{\sqrt{1-x^2}} = \begin{cases} \text{arcsen}x + C \\ -\text{arccos}x + C \end{cases}$

6. $\int \dfrac{dx}{\sqrt{x^2 \pm 1}} = \ln\left|x + \sqrt{x^2 \pm 1}\right| + C$

7. $\int a^x dx = \dfrac{a^x}{\ln a} + C$

8. $\int e^x dx = e^x + C$

9. $\int \text{sen}x\,dx = -\cos x + C$

10. $\int \cos x\,dx = \text{sen}x + C$

11. $\int \text{cosec}^2 x\,dx = -\text{cotg}x + C$

12. $\int \sec^2 x\,dx = \text{tg}x + C$

13. $\int \text{senh}x\,dx = \cosh x + C$

14. $\int \cosh x\,dx = \text{senh}x + C$

15. $\int \text{cosec}^2 x\,dx = -\text{cotg}x + C$

16. $\int \text{sech}^2 x\,dx = \text{tg}x + C$

REFERÊNCIAS BIBLIOGRÁFICAS

[1] Apostol, Tom M. *Calculus*. v. I, 2. ed. - New York: John Wiley & Sons, 1969.

[2] Edwards, C. Henry; Penney, David E. *Cálculo com Geometria Analítica*. v. 1, 4. ed. - Rio de Janeiro: Prentice-Hall, 1997.

[3] Hoffmann, Laurence D.; Bradley, Gerald L.; Sobecki, Dave; Price, Michael. *Cálculo - um curso moderno e suas apliacações*. 11. ed. - Rio de Janeiro: LTC, 2015.

[4] Leithold, Louis. *O Cálculo com Geometria Analítica*. v. 1, 3. ed. - São Paulo: Harbra, 1994.

[5] Lima, Elon Lages. *Curso de Análise*. v. 1, 12. ed. - Rio de Janeiro: IMPA(Projeto Euclides), 2009.

[6] Rojas, Alexandre; Kostin, Sergio. *Introdução a Programação com Python*. 1. ed. - Rio de Janeiro: Ciência Moderna, 2018.

[7] Stewart, James. *Cálculo*. v. I, 4. ed. - São Paulo: Pioneira Thomson Learning, 2001.

[8] Thomas, George B.; Weir, Maurice D.; Hass, Joel; Giordano, Frank R. *Cálculo*. v. I, 11. ed. - São Paulo: Addison Wesley, 2009.

[9] Weber, Jean. *Matemática para Economia e Administração*. 2. ed. São Paulo: Harbra, 1986.

Impressão e acabamento
Gráfica da Editora Ciência Moderna Ltda.
Tel: (21) 2201-6662